最簡單的生產製造書 ⑧

圖解 治具設計

機械原理╳優化製程╳設計標準化，
實現工作現場品質、成本、交期最高使命

西村仁 著
蘇星壬 譯

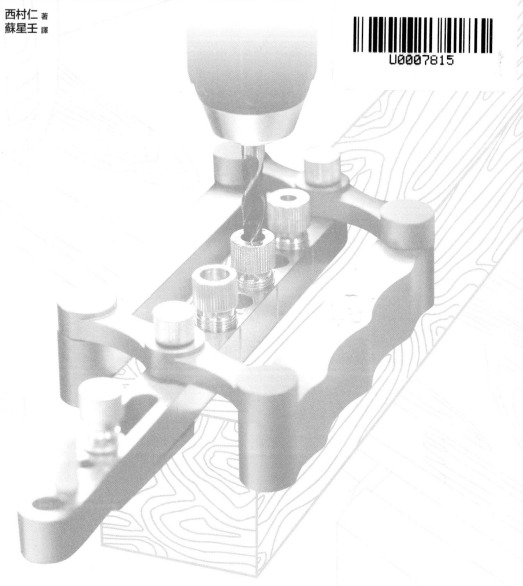

序

為了能夠輕鬆地作業

如果突然被要求「請把現在讀的這本書放在距離桌子左側100毫米、自己前方70毫米的位置」，我想應該非常耗工費時。就算拿尺測量按尺寸來放置，要正確擺放仍很困難。光差個幾毫米就很容易就出現誤差或是傾斜。

接著，如果被要求「請重複這項作業50次」，就會開始思考有沒有更輕鬆的作業方式。首先，在100毫米及70毫米的位置上畫線，這樣就只要沿著線擺放即可，省略用尺測量的麻煩作業。不過，每次擺放時可能會出現些微的誤差及傾斜。

那麼還有更好的方法嗎？將L形的零件貼在指定的位置上，透過對齊L形零件內側兩邊，每次都能擺放在同個位置上。只要使用這種方式，就算是沒經驗的人能也能迅速地擺放在正確的位置。這個L形的零件就是治具。

簡單來說，治具的目的就是為了「能夠輕鬆地作業」。能夠輕鬆作業，就能「提升品質」、「加快作業流程」、「用更經濟的價格來製作」。雖是這麼說，但不需要像機器那樣耗費數百萬、數千萬日圓，只需要幾千日圓或幾萬日圓就能製作出來。如此經濟實惠的改善方式是很難找到的。

本書的目標客群及特色

本書是以初次設計治具或是想從基礎扎實地學習治具設計的讀者為對象撰寫，因此特別留意以下4點：

① 避開專有名詞，用不具備工科基礎也能理解的方式來講解。
② 為了讓讀者容易聯想，盡可能使用圖表來介紹。
③ 省略實務上不需要的力學計算式。
④ 市售產品則參考大致的價格來記載。

治具設計必備的兩大知識

治具設計必備的兩大知識為「機械設計的知識」與「作業設計的知識」。設計機械時只需要前者機械設計的知識，但使用治具的主體是人，是否能夠輕鬆地作業非常重要，這就是作業設計。本書的目標為習得機械設計與作業設計的知識。

本書的架構

第1章介紹治具的目的及製造流程的自動化程度，第2章和第3章主要講解治具的基本要素「定位」及「固定」的具體方式。第4章介紹螺絲的基本知識及使用方式，第5章則是介紹支撐運動的軸承等導引元件、確認品質的測量儀器。

第6章從優化作業方式與製程的觀點來講解，最後第7章則是說明治具設計時的竅門、提升設計效率的標準化（**圖0.1**）。

圖0.1　本書的架構

〈治具設計的基礎知識〉

第1章 引進治具的目的	第7章 設計的訣竅

〈機械設計〉　　　　　　　　　　　　　　〈作業設計〉

第2章 定位的方法	第3章 固定的方法	第6章 作業方式及製程
第4章 螺絲的運用	第5章 運動導引與測量儀器	

第 **7** 章 設計的訣竅

專欄

第 1 章

引進治具的
目的

1.1 何謂治具

治具的定義

「治具」沒有正式的定義，閱讀以前的書籍，書中定義治具為「加工用工具及定位、固定工件的器具總稱」。

但是在現代，治具不侷限於加工。在組裝、調整、檢查等各領域中，定位及固定工具、工件、市售品等器具都泛指治具。定位及固定為所有製造作業上的共通要素。

治具的名稱

日本以前在工作現場稱為「やとい（yatoi）」，現在都叫「治具（じぐ，jigu）」。治具為英文「jig」的假借字，意思是加工時工具的定位及固定。有時候也會用片假名「ジグ」或「治工具」來表示，而本書以一般所使用的「治具」來表示。

近在身旁的治具

試著想像要沿著畫在紙上的直線將紙剪開。最先想到的方法是使用「剪刀」來裁剪，但直線太長時難免會剪歪，想要完全按直線剪開其實比想像中困難。

接著來試試用美工刀和尺的方式。雖然用尺比較容易做出直線，但若尺本身偏離直線，切線也會跟著跑掉。此外，切割時還需要將美工刀維持在一定的角度。

因此，最方便的方式就是使用裁紙機。裁刀固定在工作台上，工作台上有協助定位紙張的壓紙板，如此一來可以準確地決定切割位置。

由於裁刀的角度是固定的，其構造又是運用槓桿原理，所以能以較省力的方式裁切數張紙。

在這些例子中，「尺」和「裁紙機」就是治具（圖1.1）。其中裁紙機就是1個工具被組裝好的很優秀的治具例子。

圖1.1　手工剪紙與治具化裁紙的比較

	工具	治具	裁切品質	裁切速度	一次可裁切的張數	購買工具和治具的成本
手工作業	剪刀	（無）	△	△	△	◎
治具化	美工刀	尺	○	○	○	○
	裁紙機		◎	◎	◎	△

◎非常優秀　○優秀　△普通

使用治具的目的為何

不分行業，製造現場的使命就是提高QCD，也就是「品質」（Quality）、「成本（Cost）」、「交期（Delivery）」。簡單來說，「品質」就是「按照設計圖製作」，「成本」是指「盡可能以最低成本製作」，「交期」是指「用最快的速度製作」（圖1.2）。達成這些目的手段就是治具。

圖1.2　製造現場的使命

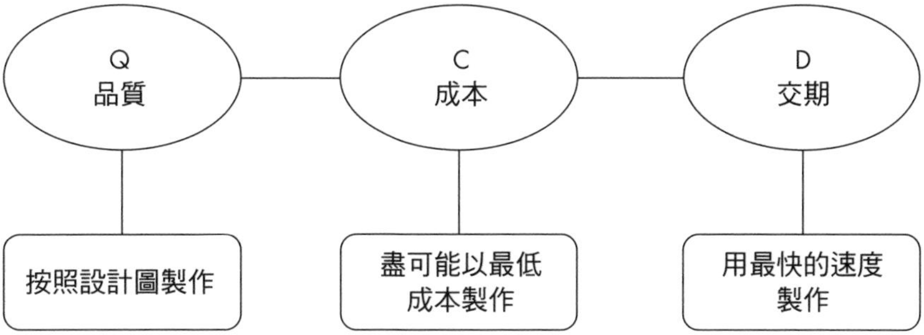

Q 品質	C 成本	D 交期
按照設計圖製作	盡可能以最低成本製作	用最快的速度製作

1.2　治具的效果及基本要素

引進治具的優點

　　以下列舉引進治具的優點：

①不需要特別的技術（教育訓練最小化）。

②能製造出相同的東西，減少參差不齊（品質改善）。

③能縮短作業時間（縮短生產週期）。

④降低製造成本（減少人工費）。

⑤縮短設計及製造時間，得以在初期階段導入工程（開發時間最小化）。

⑥治具製作成本低（減少折舊）。

⑦製程時間短（因應產品多樣化）。

⑧易於因應產品變更（改造時間最小化）。

⑨提升安全性（風險迴避）。

⑩體積比機械小（節省空間）。

泛用型治具及專用型治具

　　「泛用型治具」是可以廣泛通用的治具，市面上販售著許多種類型，比方說三爪連動夾頭、彈性筒夾就是用來定位及固定圓形零件的優秀治具。

　　此外還有虎鉗、角鐵（直角的L型零件），或是簡單操作即可完成固定的夾鉗等。這些市售品比自己設計的「品質更好」、「更經濟」、「可即刻入手」，所以很值得積極地運用。

　　另一方面，需要個別製作的治具稱為「專用型治具」。因為市面上沒有販售，所以需要配合目標工件重新設計製作。

治具需具備的功能

接下來確認治具需要具備的4項功能（圖1.3）：

（1）定位目標工件

加工、組裝、調整、檢查時，必須確定目標工件的位置後才能開始作業。定位則是作業的基礎。

（2）固定目標工件（緊固）

作業中工件必須維持在規定的位置上，因此必須要固定。固定又稱為「緊固」。

（3）迅速、確實、簡單的操作性

若使用上需要特殊的技能導致每次都出現些微偏差，則作業會非常耗時，這樣是無法達成前面提到的QCD。因此，必須具備迅速、確實、簡單的操作性。

（4）留意加工時的切屑

加工過程中，「好切割」、「精準地切穿」等加工性很重要，但同樣地切屑的排放也很重要。切屑或是切穿後的碎屑若不能順利排出，會導致加工精度變差、受損，或是縮短工具壽命。

圖1.3　治具的用途、種類、功能

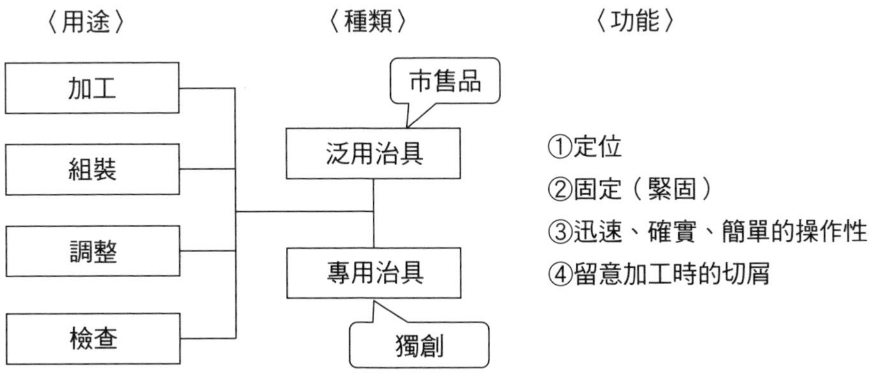

〈用途〉　　　　〈種類〉　　　　〈功能〉

加工
組裝
調整
檢查

市售品
泛用治具
專用治具
獨創

①定位
②固定（緊固）
③迅速、確實、簡單的操作性
④留意加工時的切屑

4種自動化程度

以下從4種自動化程度來看製造過程（圖1.4）：

（1）手工作業

僅有工具和目標工件，全靠雙手作業。因此，加工者能力的高低會讓品質、作業時間產生很大的差距。

（2）治具化

透過使用能簡單定位及固定的治具，只要受過一定程度的教育訓練，任何人都能在同樣的時間內完成相同品質的作業。

（3）半自動化

由人負責目標工件的放入和取出，機器會自動完成產生附加價值的作業。1台機器需配置1名作業員，所以稱為「半自動化」。半自動化加工的品質穩定，而且只需在放入和取出時用肉眼檢查即可提高品質。

圖1.4　4種自動化程度

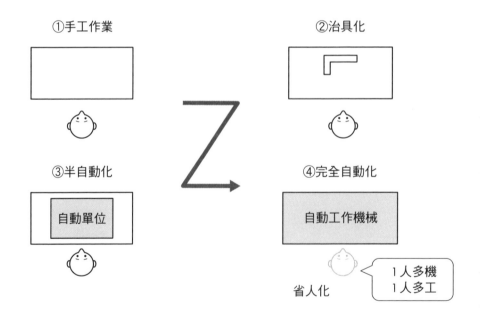

（4）完全自動化

只需投入一定數量的材料或半成品，之後機器就會自動作業。因此，作業員1人負責複數機台的「1人多機」，或是作業員1人同時兼顧其他作業的「1人多工」化為可能。

目標製造規模為何

以上4種程度中，並不是愈多的自動化就愈好。特別是完全自動化的開發時間很長，再加上投資成本很高，所以生產數量若不夠多投入的資金就無法回收。此外，目標工件設計需要變更時，必須耗費較多的時間及成本改造。

另一方面，**治具化和半自動化的優勢在於開發時間較短，投資成本也較低，並能即時處理產品規格變更、因應產品多樣化。**

諸如上述，需判斷各自適合的製造規模。此外，不管是哪種製造規模，「定位」及「固定」皆為共通的功能，所以習得治具設計的知識，也能有效地運用在半自動化及自動化的開發上（圖1.5）。

圖1.5　自動化程度與共通功能

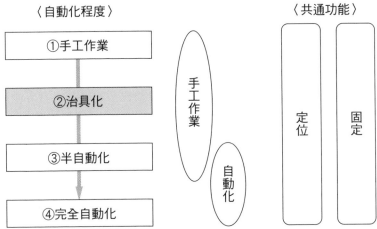

〈自動化程度〉

①手工作業

②治具化

③半自動化

④完全自動化

手工作業

自動化

〈共通功能〉

定位

固定

專欄 改善治具的方法

　　治具是「手段」而非「目的」，請先弄清楚為什麼要引進治具再進行設計。有時我會被問到「不知道使用治具是為了改善什麼」這種根本的問題。

　　這時的著眼點就是第1章介紹的「品質」、「成本」、「交期」。但若覺得太困難，推薦可以與現場作業員一同審視「在工作現場感到困擾的地方」、「哪部分變輕鬆會覺得很好」、「感覺到危險的部分」這3個主題。這時的關鍵在於無視問題的難易度，先全部都寫出來。我想很容易就能列出10至20項。

　　從中檢視可透過治具解決的項目。若有找到，接著就是決定優先順序。要以預期效果來排序，還是以能引進的速度來決定都可以。

　　透過引進1個治具讓現場作業員體會到「作業變輕鬆」，他們就會意識到治具的好處，就能期待他們反映更多現場的問題或是提供改善方案。

　　「機械設計」必須先在桌上追根究柢地探討，因為完成後的再改造非常困難。另一方面，「治具設計」是以人為主體的作業，所以很多時候不先做做看也不知道會如何。比方說銷置入孔內的作業，將孔些微傾斜是否比較好作業？此時應該要傾斜幾度比較合適？這些問題光在桌上思考也不會找到答案。

　　因此需要馬上實踐，做了之後馬上就會知道答案，就算不順利再恢復原狀即可。知道為什麼不行，就已經是向前邁進了一大步。

　　治具設計就是有想法後馬上實踐，請打鐵趁熱來推進治具設計。

第 2 章

定位的方式

2.1 定位的基礎

何謂「完成定位」

　　不管是設計還是在製造現場，一般常常使用「決定正確位置」、「定位」等表達方式。那麼怎樣才能說是「完成定位」呢？接下來一起來深入探討這點。

　　在某個空間內定位時，首先必須先決定想把工件固定在前後、左右、上下3個方向的哪個位置。不過，只固定這3個方向還是無法完成定位，那是因為還會伴隨出現旋轉。例如**圖2.1（a）**，即使確定前後位置還是能像圖（b）一樣自由旋轉。

圖2.1　移動與旋轉

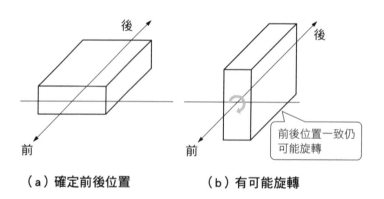

（a）確定前後位置　　　　　　（b）有可能旋轉

前後位置一致仍可能旋轉

拘束六個動作

　　即前後、左右、上下3個方向的「移動」，加上3個方向的「旋轉」，藉由拘束這6個動作來「完成定位」。以下以圖示方式說明，假設原點為O，前後為X軸，左右為Y軸，上下為Z軸。

①沿OX軸移動（前後方向）

②沿OY軸移動（左右方向）

③沿OZ軸移動（上下方向）

④以OX軸為中心旋轉（從前方看見的旋轉）

⑤以OY軸為中心旋轉（從側面看見的旋轉）

⑥以OZ軸為中心旋轉（從上方看見的旋轉）

拘束好以上6個動作後才能完成定位（圖2.2）。反過來說，無法定位時就是當中的某項動作未拘束。

圖2.2　3個移動與3個旋轉

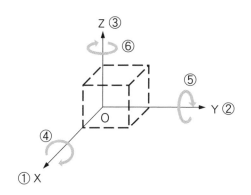

①沿OX軸移動（前後）
②沿OY軸移動（左右）
③沿OZ軸移動（上下）

④以OX軸為中心旋轉
⑤以OY軸為中心旋轉
⑥以OZ軸為中心旋轉

矩形工件的定位方式

接著一起來看矩形定位的步驟。

（1）首先用3點拘束

這個步驟中，先固定好上述的「③沿OZ軸移動」、「④以OX軸為中心旋轉」、「⑤以OY軸為中心旋」（圖2.3（a））。

（2）接著用2點拘束

固定好「②沿OY軸移動」、「⑥以OZ軸為中心旋轉」（同圖（b））。

（3）最後用1點拘束

固定好「①沿OX軸移動」後，6個動作都確定好了，就完成定位了（同圖（c））。

圖2.3 矩形工件的定位方式

（a）用3點拘束

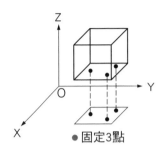

①沿OX軸移動

②沿OY軸移動

➡ ③沿OZ軸移動

➡ ④以OX軸為中心旋轉

➡ ⑤以OY軸為中心旋轉

⑥以OZ軸為中心旋轉

●固定3點

（b）用2點拘束

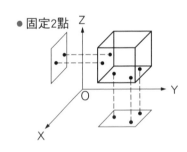

●固定2點

①沿OX軸移動

➡ ②沿OY軸移動

③沿OZ軸移動

④以OX軸為中心旋轉

⑤以OY軸為中心旋轉

➡ ⑥以OZ軸為中心旋轉

（c）用1點拘束

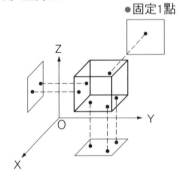

●固定1點

➡ ①沿OX軸移動

②沿OY軸移動

③沿OZ軸移動

④以OX軸為中心旋轉

⑤以OY軸為中心旋轉

⑥以OZ軸為中心旋轉

矩形工件定位用「3-2-1定位原理」

在前面提到矩形依序固定3點→2點→1點，這就是定位基礎的「3-2-1定位原理」（圖2.4（a））。也就是說，固定的點少於或多於這項原理都會導致無法定位。

不妨一起來思考最初的3點若變成4點時會變成什麼狀況。首先，治具承受目標工件的4點不會完全在同1個平面，這是因為加工精度多少都會產生誤差。

此外，擬定位的目標工件也一樣，定位面並非完全的平面。因此，即使是以4點受力的構造，實際接觸的只有3點，剩下1點則出現間隙並未接觸。此時接觸的3點就如同圖（b）所示，有時是△ABC，有時是△BCD、△CDA、△DAB。也就是說，因為每次的基準都不同所以無法定位。如果每次接觸面都是△ABC就沒有問題，但如此一來就不需要D點，才會說固定3點即可。

圖2.4　3-2-1定位原理

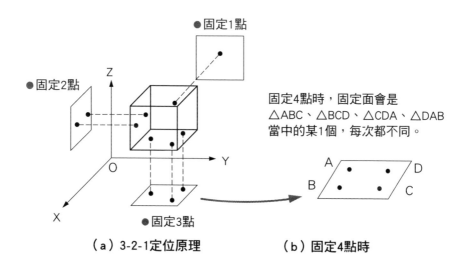

固定4點時，固定面會是
△ABC、△BCD、△CDA、△DAB
當中的某1個，每次都不同。

（a）3-2-1定位原理　　　　（b）固定4點時

身旁「3-2-1定位原理」的實例

最好懂的例子就是固定相機的三腳架。三腳架是用來定位及固定相機，正是治具的1個例子。三腳架有3支腳，並沒有販售4支腳的四腳架。如果真的有的話，要讓4支腳同時恰好地與地面接觸非常困難。

另一方面，市面上有在販售1支腳的單腳架。為什麼僅靠1支腳就能定位呢？那是因為人會緊緊抓住用單腳架固定的相機。如此一來，單腳架的那一支腳加上人的雙腿就是3支腳，所以能定位。

以上是「3-2-1定位原理」中關於3的說明。後面2和1的理由也相同，2點變成3點時其中有1點必然會出現間隙。最後的1點若變成2點時，同樣地當中的某1點也會出現間隙，因而無法定位。

為什麼要以平面來固定

若遵循「3-2-1定位原理」，定位時的底面必須要固定3點，但是實際上幾乎是以平面來受力，這是為什麼呢？因為相對於3點受力的構造，以平面受力的構造雖然定位精度較差，但在設計和製作上較簡單，花費成本也較低。

換句話說，以下的情況適合選擇以平面受力：
①不需要高精度的定位時。
②需要穩定性時。
③需要承受較大外力時。
④目標工件剛度較低容易彎曲變形時。

桌子有4支腳的原因

桌子和椅子都是四支腳而非3支腳，這是為什麼呢？理由就如同前面所述，因為不需要高精度的定位，只需要承受較大外力時仍能保持穩定。桌子若只有固定3點，桌子的腳光是承受外來重量就會垮掉了。椅子也是，重心只是稍微偏移就會翻倒，因此需要4支腳。此外，4點都與地面接觸是因為桌子和椅子的剛度較低，容易彎曲變形。

圓形工件的定位方式：橫向定位

接著一起來思考圓形的定位方式。首先是橫向定位。

（1）首先用V型枕拘束

横向時圓形工件容易滾動，所以先用V型枕承受，藉此固定好前面提過的「②沿OY軸移動」、「③沿OZ軸移動」、「⑤以OY軸為中心旋轉」、「⑥以OZ軸為中心旋轉」（圖2.5（a））。

（2）接著用1點拘束

藉此固定好「①沿OX軸移動」（同圖（b））。

（3）最後用免鍵式襯套或機械用鍵（machine key）來固定

剩下的「④以OX軸為中心旋轉」，其固定方式為透過免鍵式襯套產生的摩擦力防止旋轉，或是使用機械用鍵防止物理性旋轉（同圖（c））。關於防止旋轉的機械用鍵會在第3章詳細說明。

圓形工件的定位方式：縱向定位

接著來向各位講解圓形縱向定位的方式。

（1）首先用3點拘束

與矩形工件相同，藉此固定「③沿OZ軸移動」、「④以OX軸為中心旋轉」、「⑤以OY軸為中心旋轉」（圖2.6（a））。

（2）接著用2點拘束

藉由固定側面2點，同時限制「①沿OX軸移動」和「②沿OY軸移動」（同圖（b））。

（3）最後用免鍵式襯套或機械用鍵來固定

最後剩下的「⑥以OZ軸為中心旋轉」，其固定方式為透過免鍵式襯套產生的摩擦力，或是使用機械用鍵來防止旋轉（同圖（c））。

圖2.5　圓形工件、橫向定位方式

（a）使用V型枕拘束

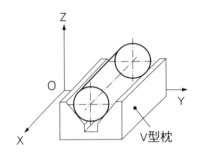

①沿OX軸移動
➡ ②沿OY軸移動
➡ ③沿OZ軸移動

④以OX軸為中心旋轉
➡ ⑤以OY軸為中心旋轉
➡ ⑥以OZ軸為中心旋轉

（b）用1點拘束

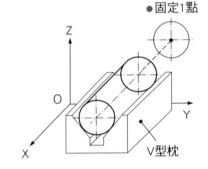

➡ ①沿OX軸移動
②沿OY軸移動
③沿OZ軸移動

④以OX軸為中心旋轉
⑤以OY軸為中心旋轉
⑥以OZ軸為中心旋轉

●固定1點

（c）用免鍵式襯套或機械用鍵來固定

用免鍵式襯套或
機械用鍵來固定

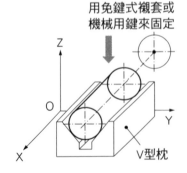

①沿OX軸移動
②沿OY軸移動
③沿OZ軸移動

➡ ④以OX軸為中心旋轉
⑤以OY軸為中心旋轉
⑥以OZ軸為中心旋轉

圖2.6　圓形工件、縱向定位方式

（a）用3點拘束

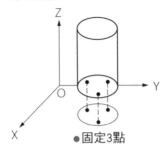

●固定3點

| ①沿OX軸移動 |
| ②沿OY軸移動 |
| ③沿OZ軸移動 |

| ④以OX軸為中心旋轉 |
| ⑤以OY軸為中心旋轉 |
| ⑥以OZ軸為中心旋轉 |

（b）用2點拘束

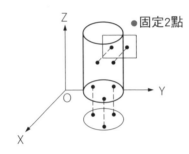

●固定2點

| ①沿OX軸移動 |
| ②沿OY軸移動 |
| ③沿OZ軸移動 |

| ④以OX軸為中心旋轉 |
| ⑤以OY軸為中心旋轉 |
| ⑥以OZ軸為中心旋轉 |

（c）用免鍵式襯套或機械用鍵來固定

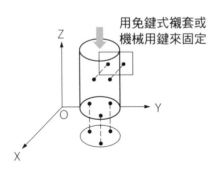

用免鍵式襯套或
機械用鍵來固定

| ①沿OX軸移動 |
| ②沿OY軸移動 |
| ③沿OZ軸移動 |

| ④以OX軸為中心旋轉 |
| ⑤以OY軸為中心旋轉 |
| ⑥以OZ軸為中心旋轉 |

簡易定位方式

　　至此學完了矩形和圓形工件的定位方式，但是當中移動和旋轉這6個動作並非每次全部都得確定。若有不需要固定的動作，就代表花費心力和成本也沒有意義。

　　例如**圖2.7**中虛線的部分要進行切削時，工具有充分的移動量，所以（a）的「①沿OX軸移動」，或是（b）的「①沿OX軸移動」、「②沿OY軸移動」、「⑥以OZ軸為中心旋轉」就不需要完成正確的定位。

圖2.7　簡易定位方式

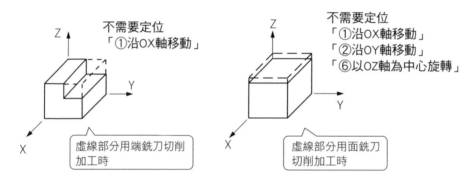

（a）1個動作不需要定位的例子　　　（b）3個動作不需要定位的例子

2.2 矩形工件端面基準定位「面接觸方式」

矩形工件定位方式的全貌

從這節開始將依照「端面基準」、「孔基準」、「底面基準」的順序來介紹10種矩形工件具體定位的方式（圖2.8）。這裡介紹的是一般固定平面的方式，並非「3-2-1定位原理」的3點固定方式。

圖2.8　矩形工件的定位方式

形狀	基準	方式
矩形	端面基準	❶面接觸方式 ❷銷接觸方式 ❸調整方式
	孔基準	❹圓銷方式 ❺鑽石銷方式 ❻長孔方式 ❼打凸方式
	底面基準	❽面接觸方式 ❾銷接觸方式 ❿平衡方式

端面基準定位

首先介紹「❶面接觸方式」、「❷銷接觸方式」、「❸調整方式」這3種以目標工件的端面為基準的定位方式（圖2.9）。

前後方向要以前方為基準還是後方為基準、左右方向要以左方為基準還是右方為基準，都需配合目標工件本身的基準面。以下介紹是以後方及左方為基準的例子。

25

圖2.9　矩形的「端面基準」

❶面接觸方式　　❷銷接觸方式　　❸調整方式

面接觸方式的一體型

用面接觸前後、左右的方式來定位。**因為是以面接觸，所以從「3-2-1 定位原理」觀點來看，定位較不精確。**接觸的兩邊實際上是以2點和1點接觸，因此每次接觸點都會改變。

這裡要介紹的有2種：接觸面呈現一體的「一體型」，以及用螺絲將接觸零件固定在平面承載零件上的「分離型」（圖2.10）。

一體型的特徵是不需要組裝及調整，定位的精度由零件的加工精度來決定。缺點是若接觸面磨損，有時會出現必須要重新製作的情況。

一體型內角的逃溝加工

一般來說，一體型的加工是用銑床（Milling machining）或加工中心機（machining center）來進行。因此，前後接觸面和左右接觸面相交的內角會加上端銑刀的半徑R（圖2.11（a））。擬定位目標工件的角若凸出來會干涉到內角的半徑，因此這種情況通常會在內角進行逃溝加工，如同圖（b）或（c）。此時的逃溝尺寸為端銑刀直徑，所以盡可能採用較大的尺寸，並加上「以下」標示，因為小於該尺寸以下皆能使用，可讓加工者在端銑刀直徑上有更多的選擇。

（a）一體型

接觸面

底座表面

治具

（b）分離型

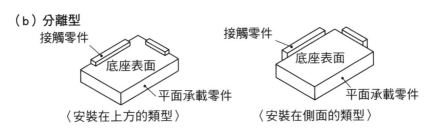

接觸零件

底座表面

平面承載零件

〈安裝在上方的類型〉

接觸零件

底座表面

平面承載零件

〈安裝在側面的類型〉

圖2.10　面接觸方式的「一體型」與「分離型」

（a）透過端銑刀加工

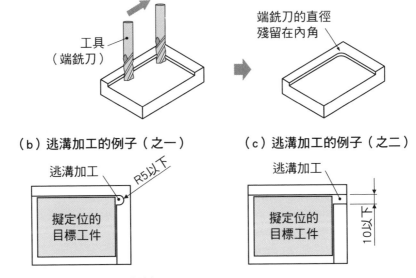

工具
（端銑刀）

端銑刀的直徑
殘留在內角

（b）逃溝加工的例子（之一）

逃溝加工

R5以下

擬定位的
目標工件

（c）逃溝加工的例子（之二）

逃溝加工

10以下

擬定位的
目標工件

〈逃溝加工的重點〉
①逃溝尺寸盡量取大
②透過追加「以下」範圍，使端銑刀直徑的選擇更多樣

圖2.11　一體型內角的逃溝加工

面接觸方式的分離型

接著要介紹的是將接觸面當做別的零件，用螺絲固定的方式。有接觸零件安裝在上方的類型和安裝在側面的類型（圖2.10(b)）。安裝在上方時，在承受目標工件的底座表面放置90°的角尺，配合其位置用螺絲將接觸零件固定。接觸零件安裝在側面時，雖說不需要調整出直角，但是定位精度全由平面承載零件的加工精度來決定。

斜銷（Taper pin）的活用

安裝在上方時，確定接觸零件的位置後，從側面打入傾斜的「斜銷」，效果會非常好（圖2.12）。只是用螺絲固定，多次施加外力後接觸零件可能會錯位。此外，由於清洗而暫時取下螺絲，之後要再次重現原本的位置需要花費很多的時間。

因此，若定位好接觸零件，螺絲保持固定，從上方用鑽頭同時將接觸零件和平面承載零件上鑽孔，並使用精度良好的擴孔器（taper reamer）加工，最後插入斜銷。藉此就能用斜銷受力，接觸零件的錯位也能「歸零」。

此外，取下接觸零件時，同樣先插入斜銷就能夠輕易地重現原本的位置。

圖2.12　分離型的斜銷使用例

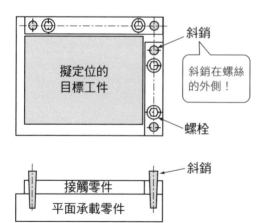

〈加工的流程〉
①定位接觸零件
②用螺絲固定
③接觸零件和平面承載零件同時鑽孔加工
④用擴孔器加工斜孔
⑤插入斜銷

〈斜銷的優勢〉
①將接觸零件的錯位「歸零」
②可重現取下接觸零件時的位置

使用斜銷的理由

　　本案例的關鍵在於使用斜銷而非直銷。若使用直銷調整精度，必須要做「干涉配合（又稱壓入配合）」。干涉配合是指銷的尺寸比孔粗，需要用塑膠槌輕輕敲打插入。因此要取下時也必須敲打拔出。相對地，斜銷因為孔和銷都成錐形所以間隙可以歸零。此外取出時施一點力就能輕鬆拔出來，非常便利。

面接觸方式的作業流程

　　在面接觸方式中，不管是一體型還是分離型都必須決定接觸的順序。那是因為前後面、左右面都非完全的直角，透過決定前後和左右的優先順序進而提高定位的精度。也就是用前面提到過的「3-2-1定位原理」，決定哪個面為2，哪個面為1。一般來說也需要考量到作業性，優先決定長邊方向，之後再決定短邊方向（圖2.13）。

圖 2.13　明確作業流程

嚴格來說接觸2點

擬定位的
目標工件

嚴格來説
接觸1點

擬定位的
目標工件

流程① 定位長邊方向　　　　　　流程② 定位短邊方向

異物對策的逃溝加工

　　線屑、灰塵等異物附著時，會影響定位的精度。因此，需要高精度的定位時，透過逃溝加工盡可能迴避異物附著所帶來的影響。

　　逃溝加工的位置為前後、左右接觸面的一部分，或是因為異物傾向附著於內角，所以在內角進行逃溝加工（**圖2.14（a）和（b）**）。

　　安裝在上方的類型就如同圖（c），接觸零件進行倒C角加工；安裝在側面的類型就如圖（d），平面承載零件進行倒C角加工。此外，底座表面逃溝加工的例子會在後面底面基準的章節介紹（2.7節─**圖2.32**）。

圖2.14　異物對策的逃溝加工

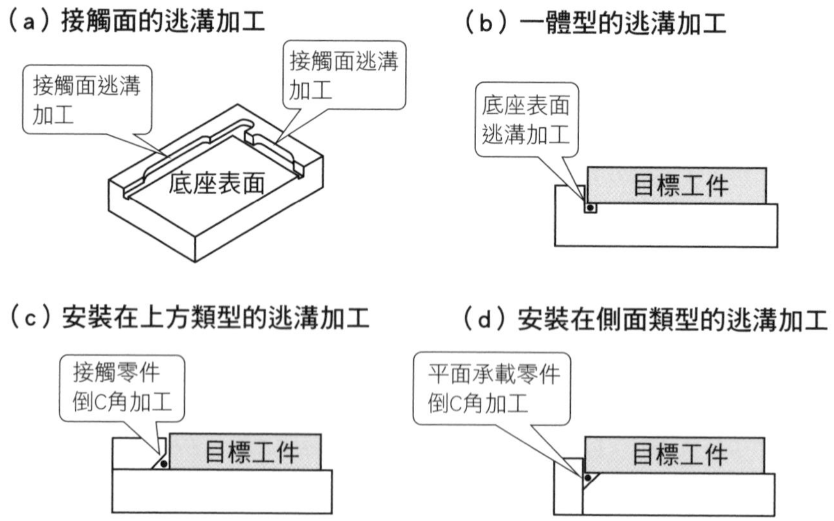

（a）接觸面的逃溝加工　　　　　　　（b）一體型的逃溝加工

（c）安裝在上方類型的逃溝加工　　　（d）安裝在側面類型的逃溝加工

2.3 矩形工件端面基準定位「銷接觸方式」

銷接觸方式

透過接觸豎立在平面承載零件上的銷來定位的方式。**長邊方向豎立2根、短邊方向豎立1根的銷後,遵循「3-2-1定位原理」**(圖2.15)。此外,因為是用點接觸,所以構造上不易受到線屑等異物影響,方便清洗也是優點之一。

使用的是市售的「平行銷(直銷)」,關鍵在於凸出的量不會超過所需的長度。由於插入銷的孔不是完全的直角,所以當銷愈長,孔傾斜的角度就愈大,進而導致銷脫落。此外,若銷過長時,在多次敲打插入的過程中可能會彎曲變形,銷徑和凸出的長度應以相同尺寸為基準。銷徑根據目標工件的大小和重量來判斷,一般是Φ3至4mm。

圖2.15 銷接觸方式

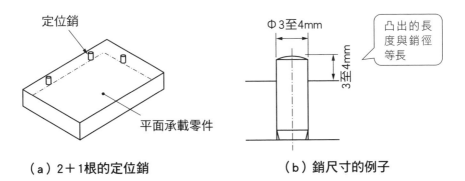

定位銷

平面承載零件

(a)2+1根的定位銷

Φ3至4mm

3至4mm

凸出的長度與銷徑等長

(b)銷尺寸的例子

加工排氣孔

插入平行銷的孔若沒有貫通時，必須要加工小型的排氣孔（圖2.16（a））。若沒有這個排氣孔，插入銷時空氣會被封閉在孔中，銷就無法插到底並呈現稍微懸浮的狀態。

此外，當必須取下銷時，若沒有排氣孔就只能用工具夾住銷的前端將其拔出，這可能會傷害銷的表面。若有排氣孔從反面按壓就能輕鬆拔出。

難以加工排氣孔時，可以在銷的中心處加工排氣孔，或是加工螺絲以方便拔出（同圖（b））。螺絲構造的銷，其外徑為 Φ5mm以上。

另外，市面上也有販售附排氣槽的銷，透過在銷的周長面加工來排除空氣（2.5節的**圖2.22（c）**）。

圖2.16　排氣孔

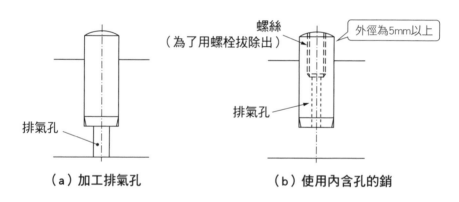

（a）加工排氣孔　　　　　　　　（b）使用內含孔的銷

銷接觸方式的缺點

雖然銷接觸方式有很多優點，但也有缺點。擬定位的目標工件若為棧板這種多次反覆使用的物件時，每次都得在棧板上的同個位置插入銷，有可能因此產生凹陷（圖2.17）。

由於凹陷從線接觸變成了面接觸，凹陷量到一定程度會穩定下來，但卻會偏離原始的位置。這種情形可以考慮改變棧板材質，或是改以面接觸方式定位。

圖 2.17　銷所產生的凹陷變形

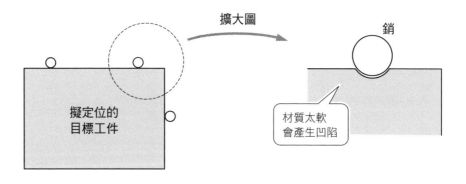

銷的壓入公差

　　為了固定銷需要用干涉配合來插入。配合公差推薦孔徑為「H7」，銷徑為「r6」的輕度配合。再寬鬆一級配合的銷徑公差為「p6」，但在「H7」和「p6」的配合中，孔與軸的直徑會一致，差異是微米（小數點後 3 位）等級，所以間隙可能為零。間隙為零的配合又稱為「零嵌合」、「零間隙」，此種配合銷有很高的風險會脫落，最好是避開這種配合。

寬鬆的定位方式

　　定位精度要求較寬鬆時，就不需要接觸，如**圖 2.18** 可靠圍住 4 邊來定位。此時為了抑制旋轉，盡可能在四個內角附近的位置定位。

　　另外，為了提升放入取出目標工件的作業效率，空出 1 邊，圍住剩餘的 3 邊也是一個很好的方法。

圖2.18　要求寬鬆的定位方式

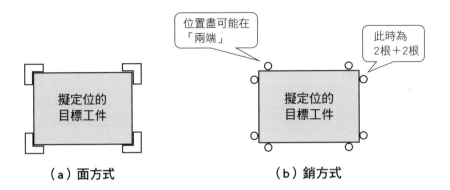

（a）面方式　　　　　　　　　　　　（b）銷方式

2.4 矩形工件端面基準定位「調整方式」

使用間隔柱（spacer）的調整方式

擬定位的目標工件若外形尺寸不齊，或是種類會變更時，接觸位置就必須配合實際物品。這時最方便的方法就是使用間隔柱（圖2.19）。事先準備數種間隔柱，配合實際物品的尺寸來更換間隔柱。為了避免用錯間隔柱，可以塗色、用 TEPRA 做標籤標記等。

圖2.19　使用間隔柱調整

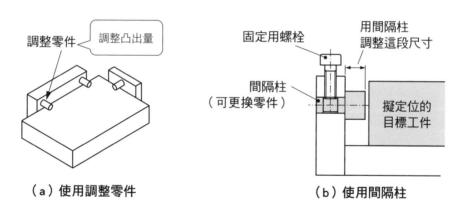

（a）使用調整零件　　　　　　　（b）使用間隔柱

使用螺絲的調整方式

目標工件尺寸非常不齊或是種類繁多時，前面提到的間隔柱方式需要準備的數量過於龐大，不切實際。此時會改用螺絲來進行調整（圖2.20（a））。

螺距較小的「細牙螺絲」比較方便，不要使用螺距較大的「粗牙螺絲」。螺距是指螺紋牙頂和牙頂之間的間隔，可以理解成「轉動一圈前進的量」。

例如：M5粗牙螺絲的螺距為「0.8mm」，細牙螺絲則為「0.5mm」。換句話說，轉動一圈粗牙螺絲前進0.8mm，細牙螺絲則前進0.5mm。因此，想要細部調整時，使用細牙螺絲效果較佳。第4章會詳細講解螺絲。

圖2.20　用螺絲、測微頭調整

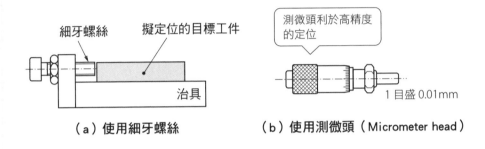

（a）使用細牙螺絲　　　　　　　（b）使用測微頭（Micrometer head）

使用測微頭的調整方式

例如使用M5細牙螺絲（螺距0.5mm）來進行0.1mm的微調時，看著設置好的「針盤指示器（dial gauge）」（第5章的**圖5.26**），同時轉動約4分之1圈即可，但實際做會發現因為螺絲有空隙，調整起來非常耗時費力。像這樣需要精密的定位，推薦使用「測微頭」取代螺絲（**圖2.20（b）**）。

市售的測微器僅有測量部分的測微頭，取下了操縱桿的部分。刻度為0.01mm，沒有空隙且能精密地動作，所以不需要使用針盤指示器就能在短時間完成定位。價格落在5千至7千日圓非常經濟實惠，性價比很好。估算方式會在第3章的專欄介紹。

2.5 矩形工件孔基準定位「圓銷方式及鑽石銷方式」

孔基準定位

介紹完了「端面基準」，接下來要進入「孔基準」。孔基準是藉由將治具銷插入目標工件的孔來定位的方式。**目標工件的外型或尺寸不規則時，用端面基準無法完成定位，所以改以孔基準定位。**

孔基準定位時，若孔或銷裡有線屑等異物附著時就無法插入，因此利於防止定位不良。

圖2.21　矩形工件的孔基準定位

	2個孔的形狀	2根銷的形狀
❹圓銷方式	圓孔＋圓孔	圓銷＋圓銷
❺鑽石銷方式	圓孔＋圓孔	圓銷＋鑽石銷
❻長孔方式	圓孔＋長孔	圓銷＋圓銷
❼打凸方式	圓孔＋圓孔	板金上附加凸形銷

圖2.8的編號

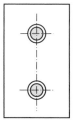

❹圓銷方式
❼打凸方式

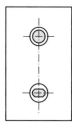

❺鑽石銷方式

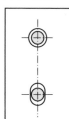

❻長孔方式

圓銷方式

接著來介紹孔基準定位的具體方式：「❹圓銷方式」、「❺鑽石銷方式」、「❻長孔方式」、「❼打凸方式」（圖2.21）。

圓銷中有全長直徑不變的「直銷」（圖2.22(a)）及中途直徑改變的「軸頸定位銷」（同圖（b））。軸頸定位銷透過段差部位來接觸，所以能夠確認凸出的長度。

此外，插進盲孔時需要排氣孔（圖2.16（a）），市售的有銷內開排氣孔的類型（圖2.16（b））、側面加工附排氣槽的類型（圖2.22（c））。

圖2.22　圓銷的種類

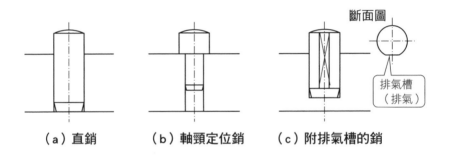

（a）直銷　　　　（b）軸頸定位銷　　　（c）附排氣槽的銷

鑽石銷方式

圓銷兩邊側面削成平面就是「鑽石銷」（圖2.23）。定位時使用的2根定位銷，1根為圓銷，另1根透過使用鑽石銷，即使孔的中心距誤差很大也能定位。

鑽石銷價格比圓銷高昂，所以前面介紹的圓銷方式無法定位時，才會採用鑽石銷方式。

至於什麼狀況下使用鑽石銷比較好，之後會運用兩者實例比較的方式來說明。

圖 2.23　鑽石銷

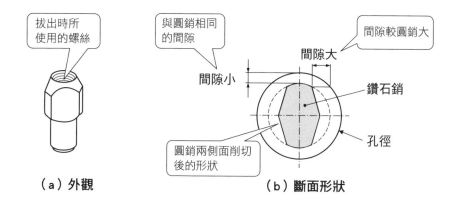

拔出時所
使用的螺絲

與圓銷相同
的間隙

間隙較圓銷大

間隙大

間隙小

鑽石銷

圓銷兩側面削切
後的形狀

孔徑

（a）外觀　　　　　　　　　　（b）斷面形狀

決定銷徑公差的方式

　　擬定位的目標工件通常由自家公司的開發部門或顧客所設計。換句話說，擬定位的目標工件的「孔徑」和「中心距（螺距）」皆已固定。相對的，我們治具設計者則是先決定好「銷徑」，再決定「中心距公差（也稱為螺距公差）」。

　　銷徑由需要的定位精度來決定，例如：孔徑 ϕ4.0mm 時，若希望目標工件定位精度在0.2mm以內，將單側間隙 ±0.2mm 的孔徑設計成 ϕ3.6mm 可以嗎？實際上不會這麼順利。孔徑和銷徑都有公差，所以還必須考量其誤差。

　　因此，在公差內最大的孔（公差的上限值）和最小的銷（公差的下限值），這樣的組合空隙最大，還必須考量到這樣的條件。在前面的例子中，設定孔徑 ϕ4.0mm 的公差為 ±0.2mm，最大值應為 ϕ4.2mm。現在要求定位精度在 ±0.2mm 以下，所以最小的銷徑必須為 ϕ3.8mm。

　　因此，將孔徑 ϕ4.0mm 的公差設定為 -0.1 ／ -0.2mm。這種配合孔或銷徑的公差不用「±」表示而是用「2行」來表示，會在第7章向各位講解原因。

計算圓銷螺距公差的方式

決定好銷徑公差後，接著就是求出中心距公差（螺距公差）。計算上需要的各個要素以符號表示如下：

L：孔與銷的中心距

a_h：孔中心距的公差幅度　　a_p：銷中心距的公差幅度

$S_{1\,min}$：左孔和銷的最小間隙　　$S_{2\,min}$：右孔和銷的最小間隙

在公差內當孔中心距最大、銷中心距最小時，試想此時銷進入孔的極限。

假設左側為銷的位置，右側為孔的位置，其計算式如下：

$$(L-a_p/2)+(S_{1\,min}/2+S_{2\,min}/2)>L+a\_h/2$$
$$S_{1\,min}/2+S_{2\,min}/2>a_p/2+a_h/2$$

從上述得出的可定位條件為「$S_{1\,min}+S_{2\,min}>a_h+a_p$」（圖2.24）。

用這項計算式求出銷中心距的公差。

圖2.24　圓銷方式的尺寸條件

【極限中心位置】

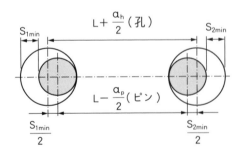

〈可定位條件〉

$$S_{1min}+S_{2min}>a_h+a_P$$

〈計算式〉
$$(L-a_P/2)+(S_{1min}/2+S_{2min}/2)>(L+a_h/2)$$
$$_{1min}/2+S_{2min}/2>a_h/2+a_P/2$$
$$_{1min}+S_{2min}>a_h+a_P$$

計算鑽石銷螺距公差的方式

　　和前面圓銷一樣，接著來求出鑽石銷的中心距公差（螺距公差）。鑽石銷的尺寸如圖2.25，「a尺寸」和「b尺寸」都記載在廠商型錄上（符號隨廠商有所差異）。

　　三角形DOC中，

$$(OB+BC)^2 = (OD)^2 + (DA+AC)^2 \text{和} (OD)^2 = (AO)^2 - (AD)^2$$

　　將OB＝b／2、BC＝$S_{2\,min}$／2、AO＝b／2、AD＝a／2、AC＝X／2帶入上述計算式。

　　$(S_{2\,min})^2$和X^2為極小值所以視為零，此時X＝b/a・$S_{2\,min}$，

　　再把它和前面圓銷條件式的$S_{2\,min}$替換，

　　求出的可定位條件為「$S_{1\,min} + b_a \cdot S_{2\,min} > a_h + a_p$」。

　　與左邊的圓銷條件式相比，唯一的差異就是$S_{2\,min}$乘上了b_a。

圖2.25　鑽石銷方式的尺寸條件

【標準中心位置】

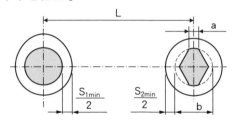

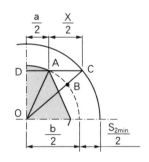

〈可定位條件〉

$$S_{1min} + \frac{b}{a} \cdot S_{2min} > a_h + a_P$$

〈計算式〉三角形DOC中，

用 $(OB+BC)^2 = (OD)^2 + (DA+AC)^2$ 和 $(OD)^2 = (AO)^2 - (AD)^2$ 求出 $X = \frac{b}{a} \cdot S_{2\,min}$

再將它和圖2.24計算式中的$S_{2\,min}$替換

用實例比較圓銷方式和鑽石銷方式

那麼就來看具體的實例。用以下的條件，試著求出銷中心距的公差（螺距公差）。

孔徑：ϕ10mm ＋ 0.05 ／ 0mm（上限值為 10.05mm，下限值為 10.00mm）

孔的中心距：100mm±0.05mm

銷徑：ϕ10mm 0.05 ／ 0.1mm（上限值為 9.95mm，下限值為 9.90mm）

鑽石銷尺寸：a 寸法 3mm，b 寸法 10mm

（1）圓銷

將上述的數值帶入可定位條件「$S_{1\,min}$ ＋ $S_{2\,min}$ ＞ $a_h + a_p$」，求出圓銷中心距公差幅度 a_p。

$S_{1\,min}$ 及 $S_{2\,min}$，孔和銷的最小間隙皆為 10.00 9.95=0.05mm。

a_h 為孔中心距的公差幅度，公差 2 倍時為 0.05×2=0.1mm。

$S_{1\,min}$ ＋ $S_{2\,min}$ ＞ $a_h + a_p$

0.05 ＋ 0.05 ＞ 0.1 ＋ a_p

得出 0 ＞ a_p，因此無法定位。

（2）鑽石銷

將數值帶入可定位條件「$S_{1\,min}$ ＋ b ／ a・$S_{2\,min}$ ＞ $a_h + a_p$」。

$S_{1\,min}$、$S_{2\,min}$、a_p 與上述圓銷的數值相同，而鑽石銷的尺寸為 a=3mm，b=10mm。

$S_{1\,min}$ ＋ b ／ a・$S_{2\,min}$ ＞ $a_h + a_p$

0.05 ＋ 10 ／ 3×0.05 ＞ 0.1 ＋ a_p

得出 0.12 ＞ a_p，由於銷中心距的公差（螺距公差）小於 ±0.06mm，所以可以定位。

也就是說，在開頭所述的條件下圓銷無法定位。若要定位就必須縮小孔中心距的公差（螺距公差），或是降低需要的定位精度來擴大孔和銷的最小間隙。相對地，若使用鑽石銷則不用改變任何條件就能定位。

實際上像這種勉強能定位的案例很少，不過也藉此說明了只要使用鑽石銷就能定位。

注意鑽石銷的方向

　　如上所述，使用鑽石銷就能放寬銷中心距的公差（螺距公差），但如圖2.26所示，設置時若弄錯方向使用鑽石銷就沒有意義了，這點必須多加注意。

圖2.26　鑽石銷的方向

（a）正確方向

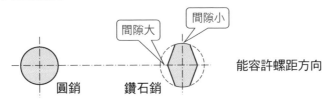

（b）錯誤方向

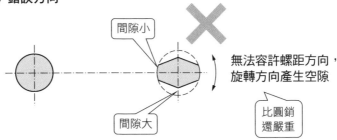

銷的高度盡可能低

　　銷的高度超過必要的長度並不好，理由和端面基準的銷相同。一是因為長度愈長傾斜幅度就愈大，二是會難以插入拔出。定位時高出數毫米就足夠了（圖2.27）。

圖 2.27　銷的高度

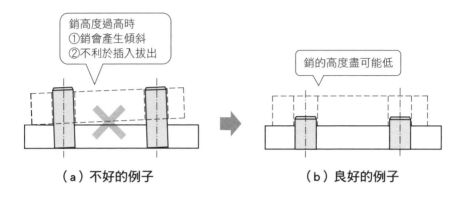

銷高度過高時
①銷會產生傾斜
②不利於插入拔出

銷的高度盡可能低

（a）不好的例子　　　　　　　　（b）良好的例子

改變2根銷的高度

　　不論圓銷和鑽石銷的種類為何，透過稍微改變2根銷的高度就能變得容易插入（圖2.28）。也就是說，較高的銷盡量再插進去一些，另1根銷只要旋轉方向有對到即可。

　　此外，2根銷的中心距（螺距）盡可能愈長愈好，因為長度較長有利於抑制旋轉錯位。

圖 2.28　讓銷之間有高度差

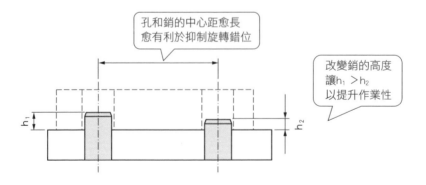

孔和銷的中心距愈長
愈有利於抑制旋轉錯位

改變銷的高度
讓$h_1 > h_2$
以提升作業性

h_1

h_2

2.6 矩形工件孔基準定位「長孔方式及打凸方式」

長孔方式

2根銷都使用圓銷，孔則是1個為「圓孔」，另1個為「長孔」，這樣的組合稱為長孔方式（圖2.29）。**長孔方式最大的優勢在於，孔和銷中心距的公差（螺距公差）為普通公差（一般公差）即可**，也就是說不需要高尺寸精度。此時以圓孔側為基準。

長孔的短邊尺寸與圓孔徑一致，長邊方向為銷直線部分的形狀。直線部分的長度為1mm或2mm即可。

例如孔徑 ϕ10的公差為 +0.1 ／ 0mm，銷徑 ϕ10的公差為 -0.1 ／ -0.2mm，孔中心距的公差（螺距公差）為 ±0.3mm時，不只是圓銷，鑽石銷也無法定位。這種情況若使用長孔方式就能順利定位。

圖2.29　長孔方式的例子

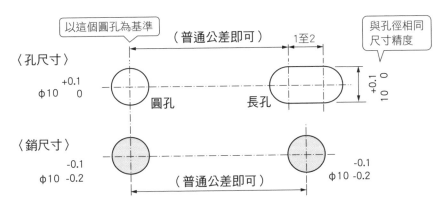

打凸方式

孔基準中最後1個要向各位介紹的是打凸方式（圖2.30），在板金打凸出1個凸起形狀，藉由嵌入孔中完成定位的方式，適用於板金間的定位。

打凸是透過模具衝壓加工製作，上模板的直徑和下模板的孔徑通常和衝壓模具相反，為「上模板直徑＞下模板孔徑」。打凸的凸出量約是板金厚度的一半。

配合精度為單側零間隙，0.1mm至0.2mm的寬鬆配合。形狀若非對稱時，必須要在設計圖上標示打凸凸起的方向。

圖2.30　打凸方式

「上模板直徑＞下模板孔徑」

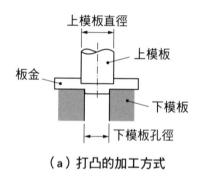

（a）打凸的加工方式

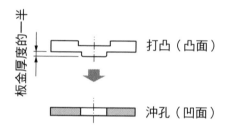

（b）打凸和孔的配合

2.7 矩形工件底面基準定位

面接觸方式和銷接觸方式

底面基準中的面接觸方式及銷接觸方式，與前面所提到的端面基準相同（圖2.31）。不需要高精度時，或是施加很大的外力時，用面接觸來承受。此時，底座表面的逃溝加工有利於防止異物干擾（圖2.32）。追求高精度時則用銷來承受「3-2-1定位原理」中的3點。

圖2.31 矩形的底面基準

❽面接觸方式　　❾銷接觸方式　　❿平衡方式

圖2.8的編號

圖2.32 底座表面的逃溝加工

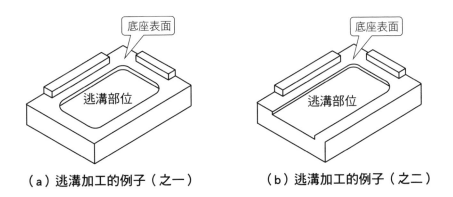

底座表面　　　　逃溝部位

底座表面　　　　逃溝部位

（a）逃溝加工的例子（之一）　　（b）逃溝加工的例子（之二）

平衡方式

擬定位的目標工件的底面有段差或是表面粗糙凹凸不平時，透過用螺栓、螺旋千斤頂來支撐、調整高度（圖2.33）。

此外，底面傾斜時則用稱做「均衡梁（Equalizer）」的平衡裝置，以及螺栓或螺旋千斤頂來維持水平（圖2.34）。均衡梁的特點在於能用2點平均承受外力。

圖2.33　底面有段差時

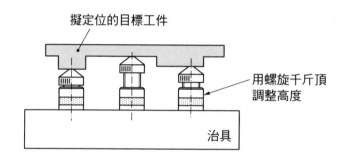

圖2.34　均衡梁

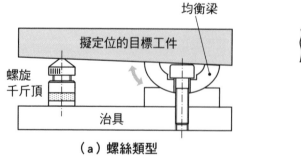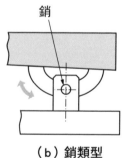

2.8 圓形工件的定位方式

介紹完矩形工件的定位方式，接著來說明圓形工件中側面定位基準的「V型枕方式」及孔基準定位的「圓銷方式」（圖2.35）。

圖2.35　圓形工件的定位方式

形狀	基準	方式
圓形	側面基準	❶V型枕方式
	孔基準	❷圓銷方式

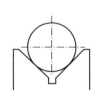

❶V型枕方式

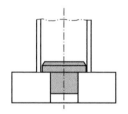

❷圓銷方式

側面基準—V型枕方式

　　圓形零件就是二選一，選擇讓它橫躺或是立著。橫躺時為了防止滾動會用V型枕固定。市售的V型枕精度高且價格經濟實惠，非常便利。

　　V型枕的角度有60°、90°、120° 3種。只需將V型枕水平朝上設置，放置其上方的擬定位目標工件就能對齊左右方向的中心位置，不過目標工件的直徑公差會在上下方向出現差距（圖2.36）。V字的角度愈大，這個差距就愈小。

圖2.36　Ｖ型枕方式

上下方向中心位置的差距

大 → 小

最大直徑

最小直徑

中心位置的差距

（a）60° 　　　　（b）90° 　　　　（c）120°

此外，若是可容許水平方向出現些許誤差，但希望上下方向中心位置一定時，可以將Ｖ型枕90°橫躺固定來使用。

Ｖ型枕的定位精度

接著來看擬定位目標工件的直徑公差，會對上下方向產生多少程度的差距。

假設「D」為直徑的最大值、「d」則為直徑的最小值、「θ」為Ｖ型枕的角度、「e」為中心位置的差距量，Ｖ型枕各個角度對應的差距量e如圖2.37所示。

圖2.37　Ｖ型枕的定位精度

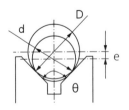

D 直徑的最大值
d 直徑的最小值
θ Ｖ型枕的角度
e 中心位置的差距量

$$e = \dfrac{D-d}{2\sin\dfrac{\theta}{2}}$$

V的角度 θ	差距量 e
60°	D－d
90°	0.707（D－d）
120°	0.577（D－d）

Ｖ型枕定位精度的例題

　　擬定位的圓形工件直徑為 ϕ 50±0.05mm、Ｖ型枕角度為90°時，試求其中心位置的上下差距。圖2.37中，直徑的最大值Ｄ為50.05mm、直徑的最小值d為49.95、Ｖ型枕角度為90°，其中心位置的差距量e為

e=0.707×（Ｄ－d）=0.707×（50.05－49.95）=0.07mm

端面固定及溝槽固定

　　用Ｖ型枕定位時，必須要拘束最後1個方向的移動。此時，有如前面圖2.5所述用端面固定的方式，以及在側面加工溝槽，用溝槽定位的方式（圖2.38）。

　　用溝槽定位時，一般不使用螺絲或螺栓來固定，而會使用下一章要介紹的夾緊螺栓、定位珠等尖端為滾珠的類型來固定，定位精度也比較高。此外，透過加工複數個溝槽可定位複數個位置。

圖2.38　用圓形溝槽定位

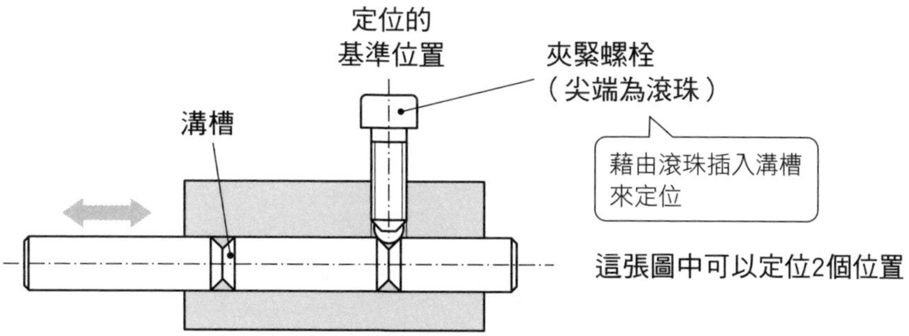

定位的
基準位置

夾緊螺栓
（尖端為滾珠）

溝槽

藉由滾珠插入溝槽
來定位

這張圖中可以定位2個位置

孔基準的圓銷定位方式

　　圓形工件中心為空心的中空品，有以孔為基準，再用圓銷來定位的方式（圖2.39（a））。圓銷方式基本上與前述矩形工件的圓銷方式相同，盡可能減少凸出量，誘導錐形角度控制在15至30°間（詳細請參照第6章6.2節）。

　　此外，市面上也有販售銷尖端為半球狀的類型（同圖（b））。半球狀類型接觸銷的位置若產生很大的誤差，接觸角度就會變大不是很理想。但是若能嵌入精確位置，接觸角度就可控制在15°以下，變得更容易插入。

圓銷的逃溝加工

　　平面承載零件進行鍃孔加工來對防止線屑等異物侵入，或是透過軸頸定位銷來避免異物的影響（同圖（c））。這種軸頸定位銷市面上亦有販售。

圖2.39　孔基準定位—A圓銷方式

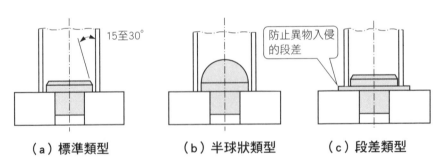

（a）標準類型　　　　（b）半球狀類型　　　　（c）段差類型

第 3 章

固定的方法

3.1 固定的基礎

固定的原則

定位好目標工件後,「固定」是為了將其維持在同個位置,並在此狀態下進行加工、組裝、檢查等作業。

因此,固定有3項原則分別如下:

①確保目標工件在作業中不會錯位。

②受壓力也不會變形。

③不會傷害目標工件。

施加的壓力過大時會產生變形,所以需要施以適當的壓力。

機構的原則

接著用來固定的機構有以下3項條件:

①構造簡單明瞭。

②簡單操作就能完成固定及卸除。

③維持緊固力。

治具是透過雙手來操作,所以期望能簡單地使用。此外,第③點的「維持緊固力」是指施加外力固定後,即使取消外力作用也能維持固定。卸除外力時需要再次施加外力。

螺絲以及後面會介紹的夾鉗皆滿足這項條件。想當然,若必須持續施加外力,便會增加作業的負擔。另外,若使用動力來代替,機構也會變得複雜。因此,「維持緊固力」就成為很重要的條件。

固定需要摩擦力

　　防止物體運動的阻力稱為「摩擦力」。摩擦力通常給人負面的印象，但若沒有摩擦力桌面上的東西就會滑落、人無法在地面上行走、建築物會崩壞、山也會崩成平地。這個世界是靠摩擦力才成立的。

　　固定也運用了摩擦力。摩擦力分為2種：讓靜止的物體運動時作用的摩擦力為「靜摩擦力」，運動中的物體作用的摩擦力則為「動摩擦力」。而摩擦力的大小則以「靜摩擦係數」和「動摩擦係數」來表示。

固定的力學

　　接著來簡單地了解固定是在怎樣的條件下成立。水平台上有1個重量為W的物體，從上方施加1個外力P（**圖3.1**）。此時，從橫向施加1個外力F，做為反作用力會產生u（W+P）的摩擦力。這裡的u為靜摩擦係數。若摩擦力u（W+P）大於外力F，則物體會固定靜止不動。

　　也就是說，固定的條件為F＜u（W+P）。**此時的P是為了固定所施加的壓力。**

圖3.1　固定的條件

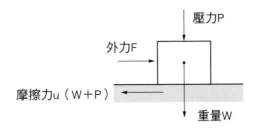

壓力P
外力F
摩擦力u（W+P）
重量W

F＜u（W+P）固定
F＞u（W+P）移動

靜摩擦係數與動摩擦係數

　　靜摩擦係數u由材質及接觸面的狀態來決定，因此並非定數。如圖3.2，理論上將物體放置在斜面上，逐漸增大傾斜角度，只要知道物體開始滑落的角度，就能用「靜摩擦係數u＝$\tan \theta$」來推算出靜摩擦係數。

　　但實際實驗會發現，每次角度 θ 都不同，因此非常困擾。從過往的經驗來看，金屬間的靜摩擦係數約為0.5至0.8（圖3.3）。

圖3.2　靜摩擦係數的測定

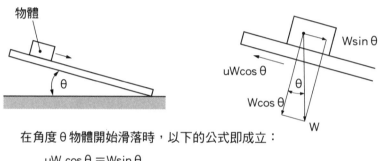

在角度θ物體開始滑落時，以下的公式即成立：

$$uW \cos \theta = W \sin \theta$$

$$u = \frac{W \sin \theta}{W \cos \theta} = \tan \theta$$

圖3.3　靜摩擦係數與動摩擦係數的參考值

材質	靜摩擦係數	動摩擦係數（滑動摩擦）
冰	0.02	—
鐵氟龍	0.04	0.04
金屬	0.5至0.8	0.2
玻璃	1.0	0.4

3.2　市售的固定用具

活用市售品

固定用具直接**活用市售品**比重新設計來的方便，**原因是「好產品」必須具備「經濟便宜」、「可即刻入手」、「有實際成果且值得信賴」**。現在市面販售著許多種類的固定用具，從具代表性的開始看起。

旋鈕與把手

「旋鈕」為不需要工具的緊固工具。外徑愈大，需要的緊固力就愈大。旋鈕有許多種形狀〔數百日圓起〕（**圖3.4**）。

需要旋轉多次時，使用「把手」或「曲柄把手」操作起來比較輕鬆。握把本身就是旋轉構造，所以只是握著就能連續旋轉把手〔三千日圓起〕。

圖3.4　旋鈕與把手的種類

（a）旋鈕（星型）

（b）旋鈕（T型）

（c）旋鈕（蝶型）

（d）把手

（e）曲柄把手

可調式把手

「可調式把手」是旋轉把手鎖緊或鬆開螺絲的零件，其特點是拉起把手即可遠離螺絲的部分，自由地調整角度（圖3.5）。

即便是無法一次將把手旋轉360°，只要使用可調式把手，在狹窄的地方以90°旋轉4次，就能完成360°旋轉。此外，旋轉完畢後的把手角度也能自由更換位置，所以可以避免干涉到其他的零件。

把手的大小及形狀種類豐富，市面上亦有販售附有設定力矩功能的種類〔數百日圓起〕。

圖3.5　可調式把手的使用方式

流程①拉起把手
把手和螺絲部分得以自由活動

流程②自由地調整角度
此時螺絲部分不會旋轉

流程③按下把手
與螺絲部分連結

控制把手

凸輪是輪廓為任意形狀的機構零件。透過旋轉凸輪，讓與凸輪接觸的零件做往復直線運動或搖動運動。

其中一種使用凸輪的機構零件就是「控制把手」。凸輪構造使圓板的中心與旋轉中心偏心，扣下手把即可施加壓力。在圖3.6中，A寸法及B寸法的差為衝程〔數千日圓起〕。

圖3.6　控制把手

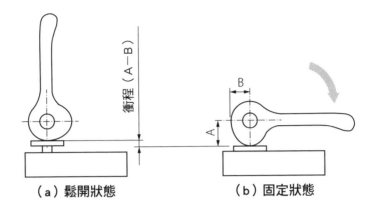

（a）鬆開狀態　　　　　　（b）固定狀態

夾鉗

　　緊固目標工件的零件稱為「夾鉗」。為了讓夾鉗呈水平，在目標工件的另一側會使用市面上販售用來調節高度的「千斤頂」（圖3.7）。夾鉗的止裂孔為長孔，這是因為只要稍微鬆開六角螺帽把夾鉗往旁邊挪開，就能輕鬆卸除。

　　若沒有另外施加巨大的外力，會使用前面介紹的旋鈕來取代六角螺帽，以提升作業效率。此外，夾鉗的底部有組裝彈簧，藉此防止目標工件脫落時導致夾鉗墜落。

圖3.7　用夾鉗固定

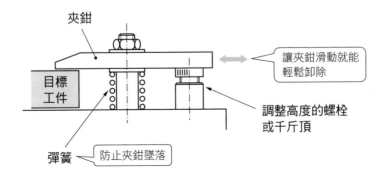

夾鉗

目標工件

讓夾鉗滑動就能輕鬆卸除

調整高度的螺栓或千斤頂

彈簧　防止夾鉗墜落

齒型壓板

　　「齒型壓板」是用工具機時固定材料的工具，不侷限於加工也能當做固定治具來運用（圖3.8（a））。目標工件的另一側用三角級枕來支撐。由於是階梯形狀，三角級枕無法呈水平，所以此時會提高三角級枕側。此外，與前面例子相同，若在夾鉗底部組裝防墜落的彈簧會很方便〔數千日圓起〕。

圖3.8　齒型壓板與球面墊圈

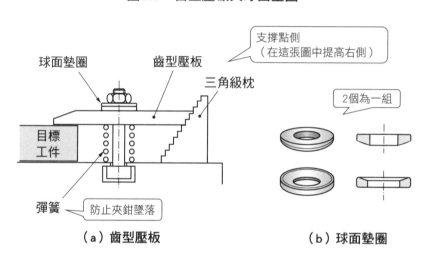

（a）齒型壓板　　　　　　　　　（b）球面墊圈

齒型壓板所使用的球面墊圈

　　用螺絲緊固齒型壓板時，因為夾鉗無法呈水平，若使用普通墊圈會變成以點接觸。因此，會使用「球面墊圈」取代普通墊圈（圖3.8（b））。

　　球面墊圈由2個零件組成，構造為用曲面的凹凸面來接觸。因此，上面和下面零件就算不平行，藉由其中1個零件沿著目標工件傾斜來與面接觸，來自上面的壓力也能均勻地傳遞，是很獨特的墊圈〔數百日圓起〕。

　　普通墊圈與球面墊圈的比較如圖3.9所示。

圖3.9　普通墊圈與球面墊圈的比較

（a）平行使用時

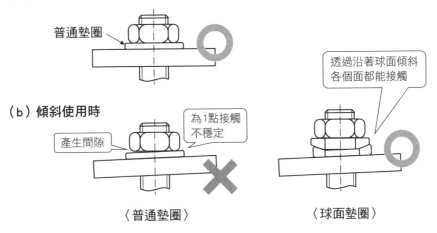

普通墊圈

透過沿著球面傾斜
各個面都能接觸

（b）傾斜使用時

為1點接觸
不穩定

產生間隙

〈普通墊圈〉　　　　　　〈球面墊圈〉

固定高度夾鉗

　　即使目標工件的高度改變，也能在沒有支撐的情況下固定，這個固定用具就是「固定高度夾鉗」（圖3.10）。因為能固定得很穩固，所以被用於會產生震動的工具機。

　　使用時的方向為從螺栓的短邊與工件接觸〔數千日圓起〕。

圖3.10　固定高度夾鉗

固定高度夾鉗

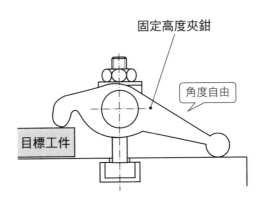

角度自由

目標工件

快速夾鉗

　　簡單操作即可完成固定的代表就是「快速夾鉗」。用手扣下把手，推桿就會壓在目標工件上（圖3.11）。快速夾鉗為肘節機構（toggle mechanism），可以產生比輸入時更大的力，作用在目標工件上的力約是用手操作時的10至20倍。

　　快速夾鉗用金屬板製成，只需1千至3千日圓，非常便宜。有將把手呈垂直向下扣壓的類型，相反地也有將把手回推下壓的類型，還有橫壓類型等各種類型。

圖3.11　快速夾鉗

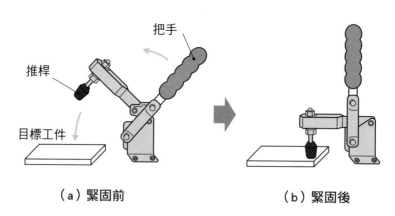

（a）緊固前　　　　　　　　　　（b）緊固後

快速夾鉗的機構

　　圖3.12（a）為緊固前的狀態。扣下把手，A、D、C會成一條直線，接著如同圖（b），透過C進入線AD的左側，用推桿持續推壓著目標工件，即使手放開把手仍能維持固定。這就是前面所述的「維持緊固力」。給目標工件施以反作用力，C會更往左側傾倒，因此壓力就變更大。

　　另一方面，只要將把手回復到原來位置，就能輕鬆解除固定。

圖3.12　快速夾鉗的機構圖

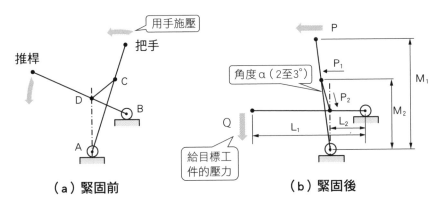

（a）緊固前　　　　　　　　　　（b）緊固後

假設施加的力為P，夾鉗的輸出力為Q

$$P_1 = P\,\frac{M_1}{M_2} \qquad 從\ P_2 = P_1\,\frac{1}{\sin\alpha} \qquad 得出\ Q = _2\,\frac{L_2}{L_1} = P\,\frac{M_1 \cdot L_2}{M_2 \cdot L_1}\,\frac{1}{\sin\alpha}$$

在　圖 3.12 中，M1=100mm、M2=65mm、L1=100mm、L2=40mm、
α =2°，假設用手施壓的力為 1kgf（9.8N），推桿給目標工件的壓力 Q 為

Q=1×（100×40）／（65×100）／ sin2°≒17.6kgf（173N）

由此可知，推壓的力約為用手施壓的18倍。

夾緊螺栓

用螺絲前端直接推壓目標工件時，如圖3.13（a）所示，螺栓的前端
會邊旋轉邊推壓，因此容易出現磨損。

此時，「夾緊螺栓」這類螺栓前端為其他零件的雙層構造效果較好（同
圖（b））。就算用螺絲鎖緊，推桿也不會旋轉，所以可以防止磨損。平面
類型的構造，即使稍微傾斜也在容許範圍內。又稱為「鎖緊螺絲」〔數百
日圓起〕。

圖 3.13　夾緊螺栓

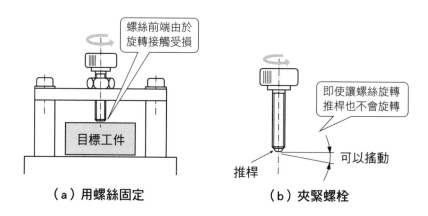

（a）用螺絲固定　　　　（b）夾緊螺栓

定位珠

　　裝有鋼珠及彈簧的機械零件就是「定位珠」（圖 3.14）。對鋼珠施力，鋼珠就會往內縮。運用這個性質，也能透過推壓目標工件，或是在目標工件上設置凹洞來完成定位。

圖 3.14　定位珠

（a）內部構造

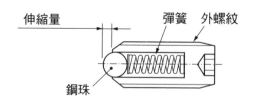

（b）用於推壓的例子　　　　（c）用於凹洞上定位的例子

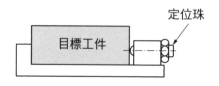
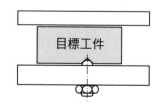

鋼珠的大小、伸縮量、彈簧的強度等有各種不同的變化。圖3.14（a）為定位珠內部構造、（b）為用於推壓的例子、（c）為用於定位的例子〔數百日圓起〕。

虎鉗／萬力

　　「虎鉗」可說是在作業現場一定會有的治具，又稱為「萬力」（圖3.15）。旋轉把手就能關閉鉗口，以固定目標工件。主要的種類有「平口鉗」、「機用虎鉗」、「C型虎鉗」、「精密虎鉗」。

（1）平口鉗

　　一般所說的虎鉗就是指平口鉗（同圖（a）），固定在工作台上使用，方便用於研磨等加工作業。為了不讓目標工件受損，會將鋁板或銅板塑成L型固定在鉗口上。需承受強大的外力，因此本體是由金屬鑄造而成〔1萬日圓起〕。

圖3.15　虎鉗／萬力

（a）平口鉗

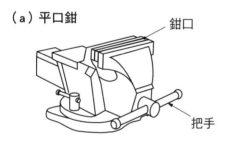

鉗口

把手

（b）機用虎鉗

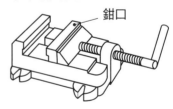

鉗口

（c）使用平行板的例子

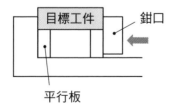

目標工件　　鉗口

平行板

（d）C型虎鉗

（2）機用虎鉗

機用虎鉗用來將車床或加工中心機等工具機固定在桌上（同圖（b））。虎鉗的底面及固定面的平行度、固定面及鉗口的直角度等都必須確認，所以需要高精度加工。此外，用於電鑽的虎鉗又稱為「鑽床虎鉗」〔數千日圓起〕。

若目標工件很小，固定虎鉗時其上方會被虎鉗的鉗口擋住，因此需使用2塊平行板將目標工件墊高（同圖（c））。在日本，工作現場也稱做「羊羹」。厚度及平行度都是以微米（μm，千分之一毫米）層級的高精度尺寸製成，市面上以2塊一組來販售〔數千日圓起〕。

（3）C型虎鉗

C型虎鉗略稱為「C型夾」（同圖（d））。呈C的形狀，主要在用電鑽加工金屬板時，用來將桌子和金屬板夾在一起固定〔數千日圓起〕。

圖3.16　精密虎鉗的例子

直角度及平行度每100mm約為3μm以下等

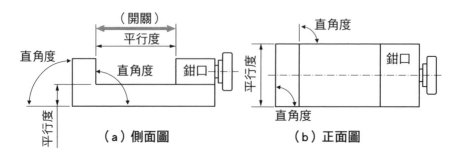

（a）側面圖　　　　　　（b）正面圖

（4）精密虎鉗

精密虎鉗的材質為淬火鋼，都是透過研磨加工而成，以標榜高精度在市面上販售（圖3.16）。不論直角度還是平行度，每100mm誤差都在3μm以下的高精度規格〔數萬日圓起〕

固定座

「測微器固定座」為用來固定測微器的治具，但不侷限於測微器（圖3.17（a））。厚度小於20毫米左右皆可固定，固定方向從水平到直角都可任意調整，是非常方便的固定工具〔數千日圓起〕。

同圖（b）的磁性底座用來固定針盤指示器及槓桿式量錶（5.7節的圖5.26）。透過旋轉固定座的把手來產生磁力，就能輕鬆地卸除帶有磁性的東西。

透過旋轉支臂關節部的螺絲，就能自由地調整支臂長度及角度。不過，缺點是輕微碰觸支臂就會出現誤差，所以不適合恆久性使用，僅限於調整等的暫時性使用〔數千日圓起〕。

圖3.17　固定座

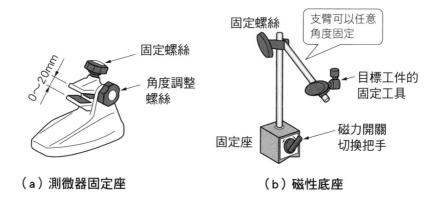

固定螺絲

角度調整螺絲

0～20mm

（a）測微器固定座

固定螺絲

支臂可以任意角度固定

目標工件的固定工具

磁力開關切換把手

固定座

（b）磁性底座

3.3 圓形的固定方法

餘隙配合的固定方式

　　孔公差為H7，軸徑公差為g6的高精度配合，一起來思考這種固定方式。最簡單的方法是用螺絲固定，但用螺絲前端直接推壓，軸的表面會受損。軸一旦受損，拔出時也會造成孔內側磨損，進而無法再次插入。

　　接下來介紹螺絲固定時可以輕鬆卸除的對應方式。

在軸上逃溝加工的方式

　　最具代表性的方法是軸的逃溝加工（圖3.18）。在螺絲前端接觸的部分做深度約0.5mm的逃溝加工，磨損就只會出現在逃溝部分，因此在卸除時不會受到影響。為了清楚表達目的，建議在指示逃溝部分的尺寸時以外徑切削量的「逃溝深度0.5」來標示，不要用直徑表示。這是我獨創的規則而非JIS（日本工業標準）製圖標準。

　　此外，用2根螺絲固定軸時，螺絲相對位置應相隔90°。

圖3.18　軸的逃溝加工

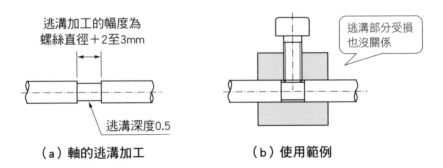

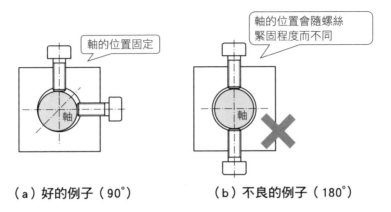

圖3.19　2個螺絲固定例子

軸的位置固定

軸的位置會隨螺絲
緊固程度而不同

軸

軸

✕

（a）好的例子（90°）　　　　　（b）不良的例子（180°）

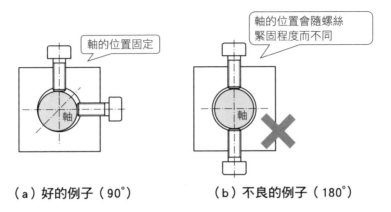

　　若相隔180°，軸的位置會隨螺絲緊固程度而不同，90°的話就能每次都固定在同樣的相對位置上（**圖3.19**）。

使用固定片的方式

　　若不能在軸上逃溝加工，可以改用「固定片」的方式。螺絲加工完後，讓黃銅製的圓棒落入螺絲孔中，再從上方鎖緊螺絲（**圖3.20**）。黃銅製的圓棒就是固定片。

圖3.20　用固定片固定

固定片
〈長度〉

軸

軸

擴大圖

固定片

軸

固定片會變形
以貼合軸的表面

黃銅為柔軟的材料，所以鎖緊螺絲時它會沿著軸的表面形狀變形並貼合，藉此可以在不傷害軸的情況下固定軸。固定片的直徑必須比「內螺紋的內徑」小，長度比直徑長。因為長度若是比直徑短，落入螺絲孔時會橫倒。缺點是拔出軸時固定片會落下，若沒注意到固定片落下再一次固定軸時會造成受損，因此必須多加注意。

在孔上加工溝槽的方式

在孔上加工溝槽後，一側為切孔，另一側用來加工螺絲。透過用螺絲鎖緊來夾住軸以固定。溝槽寬度約為2mm，螺絲徑以M5以上為基準（圖3.21（a））。

圖3.21 溝槽加工及彈性筒夾

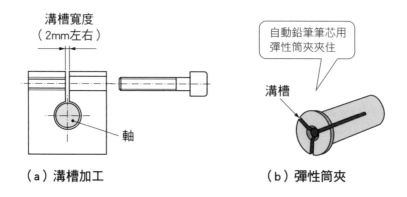

（a）溝槽加工　　　　　　　（b）彈性筒夾

使用彈性筒夾的方式

運用於車床的「彈性筒夾」是用來定位固定中空產品的零件。構造為側面有放射狀的溝槽，將目標工件插入孔中，接著藉由彈性筒夾外側夾緊來固定目標工件。（圖3.21（b））

因為是以面來緊固目標工件，所以能防止其受損，適當地固定住。自動鉛筆的筆芯就是用彈性筒夾夾住的例子。

干涉配合的固定方式

到目前為止介紹的方法都是「餘隙配合」的固定方式。相較之下，將較粗的軸釘進孔中的配合為「干涉配合」，又稱為「壓入」。因為間隙為零，所以可以高精度固定。干涉配合的配合公差推薦孔公差「H7」、軸公差「r6」。

另一方面，與目前為止介紹用螺絲固定的方式不同，無法輕鬆地卸除，這是它的缺點。

用接著劑固定的方式

簡易的方式是用接著劑固定。接著劑的種類有「單液環氧樹脂接著劑」、「雙液環氧樹脂接著劑」、「瞬間接著劑」、「紫外線硬化型接著劑」（圖3.22）。

雖然容易使用、非常便利，缺點是一旦接著後就很難剝除，且不耐衝擊。比較適合暫時性使用。

圖 3.22　接著劑的種類

接著劑的種類	商品	優點	缺點
單液環氧樹脂接著劑	CEMEDINE 施敏打硬®	價格經濟 節省混合的步驟 管理簡單	硬化耗時
雙液環氧樹脂接著劑	Araldit愛牢達®	常溫即可硬化	需要混合
瞬間接著劑	—	瞬間即可硬化 常溫即可硬化	不耐衝擊 表面呈拋灑白色粉末後的狀態
紫外線硬化型接著劑	Aron Alpha 阿隆發®	透過照射紫外線（UV）來硬化 適用於機械上需要自動接著時	需要紫外線照射裝置 手工操作困難

用鍵防止旋轉

接著介紹用「鍵」防止軸旋轉的方式。在軸的表面加工凹型的溝槽，孔的內面也加工凹型的溝槽。對齊兩邊溝槽的位置，將矩形的鍵插入這個空間內（圖3.23），藉此防止其物理上旋轉的誤差。圖3.24標示的是JIS標準的尺寸。

圖3.23　鍵的使用方式

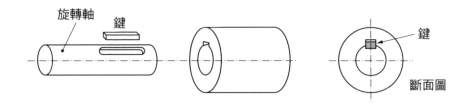

圖3.24　平行鍵及鍵溝槽的尺寸（JIS）

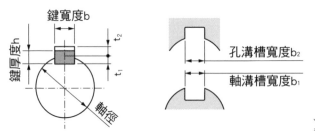

JIS B 1301、單位mm
省略6×6以上公稱尺寸

公稱尺寸 b×h	軸徑基準	鍵尺寸公差		鍵溝槽尺寸			
		寬度b	厚度h	軸溝槽寬度b₁	孔溝槽寬度b₂	軸溝槽深度t₁	孔溝槽深度t₂
		容許差	容許差	容許差	容許差		
2×2	6～8	0 −0.025	0 −0.025	−0.004 −0.029	±0.0125	1.2	1.0
3×3	8～10					1.8	1.4
4×4	10～12	0 −0.030	0 −0.030	0 −0.030	±0.0150	2.5	1.8
5×5	12～17					3.0	2.3
6×6	17～22					3.5	2.8

3.4　固定的機構

利用槓桿

　　用螺絲直接推壓目標工件的方式如**圖 3.25（a）**，若要防止磨損，前面介紹的夾緊螺栓效果最好。相較之下，同圖（b）是利用槓桿原理讓施加的力變成 2 倍，不過螺絲旋轉的次數也必須變為 2 倍。藉由改變圖中 L1 及 L2 的比率，就能自由調整施力的倍率。

圖 3.25　利用槓桿

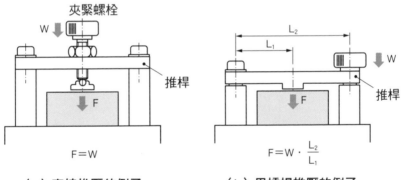

（a）直接推壓的例子　　　　　（b）用槓桿推壓的例子

　　推桿兩端的固定孔一側為「圓孔」，另一側為「槽口」，藉此只需將螺絲旋轉半圈就能以圓孔側為起點旋轉（**圖 3.26（a）**）。

　　此外，若兩側的孔皆為「槽口」時，會變得很容易卸除（**圖 3.26（b）**）。不管哪種方法都有助於提升作業的方便性，且不需要拔除螺絲，所以也沒有弄丟螺絲的風險。

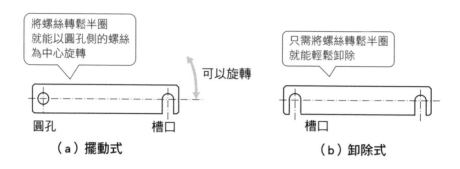

圖3.26　推桿卸除的容易程度

將螺絲轉鬆半圈
就能以圓孔側的螺絲
為中心旋轉

可以旋轉

圓孔　　　　　　　槽口

（a）擺動式

只需將螺絲轉鬆半圈
就能輕鬆卸除

槽口

（b）卸除式

防止浮起

　　從水平方向鎖緊時，目標工件有可能會遠離下側而浮起。此時藉由從斜面施壓來產生向下的力，進而防止浮起（圖3.27）。

圖3.27　防止浮起

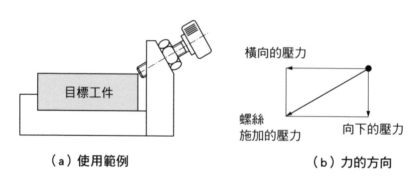

目標工件

橫向的壓力

螺絲
施加的壓力　　　　向下的壓力

（a）使用範例　　　　　　　　（b）力的方向

受力的方向

　　用機械加工等對目標工件施加巨大的外力時，朝受力的方向固定是永恆不變的鐵則（圖3.28）。若是朝相反方向，會變成用固定工具受力，以致不穩定。

圖3.28　受力的方向

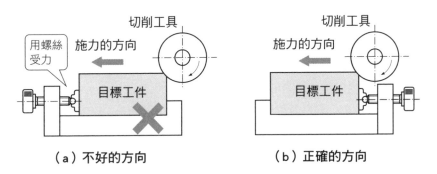

（a）不好的方向　　　　　（b）正確的方向

　　此外，雖然受力的位置盡可能在低處比較好，但若不得已必須設置在高處時，將接觸位置調整至與受力位置同高度能讓其穩定（圖3.29）。此時，接觸零件本身的剛度也是必須的。

圖3.29　受力的位置

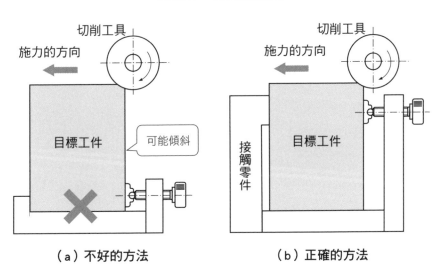

（a）不好的方法　　　　　（b）正確的方法

使用均衡梁同時固定

　　要固定2個目標工件時，使用帶有平均意思的「均衡梁」，只要施力於1處就能完成同時固定。

　　優點為以下2點：

　　①就算2個目標工件的高度不一樣也能同時固定。

　　②可以同樣大小的力平均施加在2個目標工件上。

　　圖3.30（a）使用在**圖**3.8介紹的球面墊圈，而同圖（b）則是使用銷的方式。

圖3.30　使用均衡梁同時固定

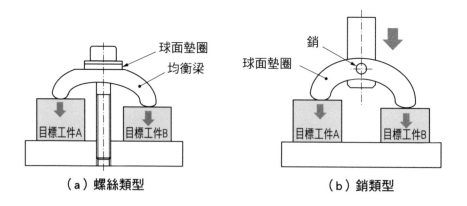

（a）螺絲類型　　　　　　　　　　（b）銷類型

3.5 真空吸引固定法

使用真空的優缺點

目前為止介紹了用機械的固定方式。接著要介紹另1個方式,就是真空吸引固定法(圖3.31)。

使用真空的優點為:

①構造簡單不需要機械機構。

②不需要直接推壓目標工件,因此能減低受損的風險。

另一方面,使用真空的缺點為:

①相較於機械機構維持力較低。

②剛度較低的薄板、薄膜等會因為真空出現彎曲。

③同時要將數個目標工件抽成真空時,只要漏掉其中1個就無法維持真空,並且全部的維持力都會歸零。

圖3.31　真空吸引的例子

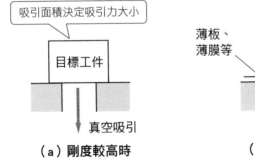

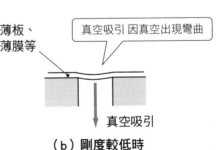

真空吸引的系統

　　真空吸引需要設定真空壓力的「真空減壓閥」、真空切換開關的「電磁閥」、去除異物的「真空用過濾器」（圖3.32）。真空減壓閥用來穩定真空程度。電磁閥為有3個配管接口3埠電磁閥（圖3.33）。此外，若真空吸引大氣中的灰塵或附著於吸引物表面的異物，會造成電磁閥故障或錯誤運作，可用過濾器去除。過濾器內的濾芯可以輕鬆更換。

　　需要確認真空吸引時，使用「真空用壓力開關」。

圖3.32　真空吸引的系統

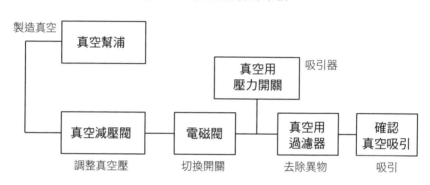

圖3.33　3埠電磁閥的配管

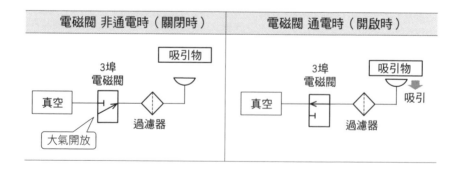

真空壓的單位

比大氣壓力小的壓力為真空。真空程度用以大氣壓為基準的「表壓（gauge pressure）」來表示。

單位為「kPa」，完全真空為「-101.3kPa」。

薄板的吸引方式

如前面圖3.31（b）所介紹，薄板、薄膜有可能被吸進吸引孔中。解決方式是縮小吸引孔，並改以複數個孔來吸引。若板更薄更精密時，使用市售的多孔材質的「吸附板」非常有效。例如每 1 cm^2 開了將近1,000個 ϕ 0.1mm程度的細小孔洞，藉此可以用較輕柔的力道吸引。

製造真空的真空產生器

不使用真空幫浦，直接壓縮空氣製造真空的零件稱為「真空產生器」（圖3.34）。側面開孔的管高速壓縮空氣流入，透過吸進孔周圍的空氣來製造真空。

缺點是製造真空的流量很少，但是只要壓縮空氣就能簡單地製作真空，是非常方便的零件〔數千日圓起〕。

圖 3.34　真空產生器

（a）外觀　　　　　　　　　　（b）內部構造

專欄 高CP值的計算方式

花費多少費用最值得？接著來介紹這個計算方式。例如在第2章介紹用螺絲調整位置的案例中，一起來思考為什麼選擇用5,000日圓的測微頭取代200日圓的細牙螺絲。

選擇測微頭的目的在於「縮短調整的時間」，所以來計算投資5,000日圓在縮短時間上的效果。

現在假設用細牙螺絲調整時，調整時間為3分／次；若使用測微頭，可將調整時間縮短成1分／次。也就是說，縮短效果為2分／次。若調整次數為1天4次，縮短效果就是8分／天。

接著將單位從「分」換算成「日圓」。為此，我們需要知道每小時的人工費（人事費），這稱為「人工費率」。

生產現場從年輕人到老手有各種勞工在工作，每個人的人工費也都不同，所以必須算出平均值，這就是人工費率。根據業種費用會有所改變，一般約是4,000日圓／小時。

使用人工費率將「分」換算成「日圓」，1天縮短效果為8分鐘就是4,000×（8／60）＝533日圓／天。

選擇測微頭比使用細牙螺絲需要多投資4,800日圓，所以要來計算需要幾天才能回收這個4,800日圓。

4,800／533日圓／天＝9天，所以9天就能回收所投資的資金。從第10天開始就比使用細牙螺絲節省了533日圓／天的成本，從這裡可以知道選擇測微頭的理由。

如上所述，很輕易地就能計算出哪個花費最值得。為此，請先了解自己公司的「人工費率」。

第 4 章

螺絲的運用

4.1 螺絲的基礎知識

接合方式的種類

接合物體的方式有許多種，像是「焊接」、「硬焊」、「干涉配合」、「鉚釘」、「接著劑」、「螺絲」等。焊接是讓目標工件互相熔解再用金屬結合，是接合強度最大的方式。硬焊是熔解融點較低的合金填料來接合，因為目標工件不會熔解，所以可以接合不同的金屬、形狀複雜也能接合。干涉配合是釘入比孔還粗的軸來固定；鉚釘則是將軸插進孔後，破壞軸的兩端來固定。

這些接合方式的缺點是，一旦固定之後要取下就必須整個破壞掉。另一方面，**唯一可以反覆卸除的方法是用螺絲固定**。因此，日常周邊最常使用螺絲。

圖 4.1 接合方式的特徵

接合方式	接合強度	取下的容易程度	特徵
螺絲	○	◎	唯一可以卸除的方式
焊接	◎	×	接合強度最強 目的為降低成本
硬焊	○	×	不需熔解母材就能接合
干涉配合（壓入）冷縮配合	○	△	接合無法用螺絲固定的軸非常有效
鉚釘	○	×	銷插進孔，破壞於銷的兩側以固定的方式
接著劑	△	×	加工成本便宜 接合強度下降

螺絲的用途

螺絲主要有3種用途（圖4.2）。最常使用的方式是「鎖緊」，使用螺絲可以輕鬆地組裝或拆解。第2個用途是使用滾珠螺桿來「傳達動力」及「定位」。第3個用途為「擴大位移」。測微器藉由螺絲擴大極小的位移來測量即是其中1個例子。

圖4.2　螺絲的用途

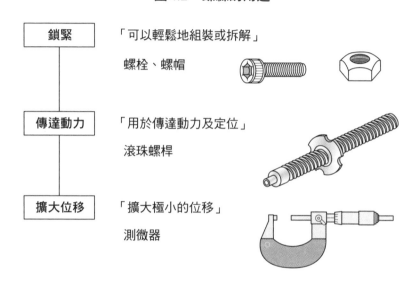

鎖緊	「可以輕鬆地組裝或拆解」 螺栓、螺帽
傳達動力	「用於傳達動力及定位」 滾珠螺桿
擴大位移	「擴大極小的位移」 測微器

螺紋的基本概念

將三角形的紙捲在圓筒上，三角形的斜邊會呈螺旋狀旋轉上去（圖4.3）。三角形或四角形的繩子沿著螺旋旋轉，就變成三角形或四角形的螺紋。螺紋牙頂在圓筒外側的螺絲為「外螺紋」，在圓筒內側的為「內螺紋」。

此外，隨螺紋牙頂旋轉方向的不同又區分為「右旋螺絲」及「左旋螺絲」。一般使用的是順時針旋轉鎖緊的右旋螺絲。

圖4.3　螺紋的基本概念

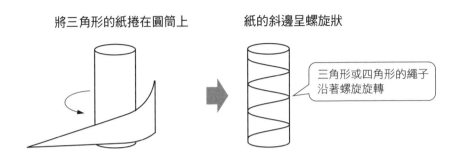

將三角形的紙捲在圓筒上　　　　　紙的斜邊呈螺旋狀

三角形或四角形的繩子
沿著螺旋旋轉

用螺紋牙頂的形狀分類

螺紋牙頂斷面為三角形的三角牙螺絲有「一般用公制螺紋（以下簡稱公制螺紋）」及「管用螺紋」，而斷面為四角形的螺絲則有正方形的「方螺紋」及梯形的「梯形螺紋」（圖4.4）。

最常使用的是公制螺紋，管用螺紋則是用於必須密封管內流體的情況。方螺紋及梯形螺紋常用於需要承受強大外力的工具機導螺桿等。

圖4.4　用螺紋牙頂的形狀分類

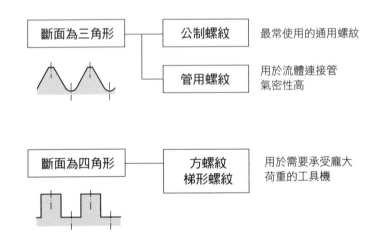

| 斷面為三角形 | 公制螺紋 | 最常使用的通用螺紋 |
| | 管用螺紋 | 用於流體連接管 氣密性高 |

| 斷面為四角形 | 方螺紋 梯形螺紋 | 用於需要承受龐大 荷重的工具機 |

4.2　公制螺紋

螺絲大徑的表示方式

　　公制螺紋的螺紋牙頂斷面為三角形、螺紋角為60度。雖說名稱是公制（米制），但單位是用毫米（mm）來表示。外螺紋螺紋牙頂最高處的直徑稱為「外徑」，最低處的直徑稱為「底徑」。與此相反，內螺紋螺紋牙頂最深處的直徑稱為「底徑」，螺紋牙頂最淺處的直徑稱為「內徑」（圖4.5）。

　　換句話說，外螺紋的「外徑」與內螺紋的「底徑」一致，而外螺紋的「底徑」則與內螺紋的「內徑」一致。

　　表示方式取公制螺紋開頭的「M」，若是外螺紋M後面加上「外徑」尺寸，若是內螺紋則加上「底徑」尺寸。例如：外螺紋外徑5mm的公制螺紋為「M5」，內螺紋底徑8mm的公制螺紋為「M8」。這個「M＊」即「螺絲的稱呼」，但實務上稱為螺絲大徑，因此以下用「螺絲大徑」表示。

圖4.5　螺絲各部位名稱

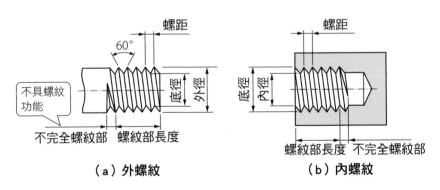

（a）外螺紋　　　　　　（b）內螺紋

螺紋的節徑

　　「螺紋的節徑」為外螺紋及內螺紋螺紋牙頂幅度相等處的直徑，螺紋有效斷面積為此節徑的斷面積。這會使用於後面介紹的螺絲強度計算，但節徑就算看見實物本體也無法理解（圖4.6）。

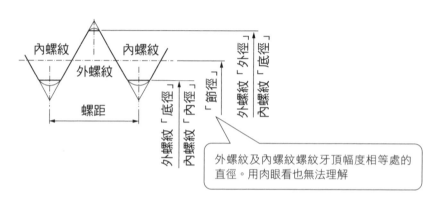

圖4.6　螺紋的節徑

外螺紋及內螺紋螺紋牙頂幅度相等處的直徑。用肉眼看也無法理解

粗牙螺絲與細牙螺絲的差異

　　繼「螺絲大徑」之後，最重要的尺寸為「螺距」。螺距是指牙頂間的間隔或牙底間的間隔，理解成**「轉動一圈前進的量」**會比較好懂。螺距由螺絲大徑決定，有螺距大的「粗牙螺絲」及螺距小的「細牙螺絲」2種。2種螺絲的螺紋角都是60度，所以若是外螺紋，雖然外徑都相同，但是細牙螺絲的底徑比較大。

　　例如，比較M5外螺紋的底徑，粗牙螺絲為4.134mm，細牙螺絲則為4.459mm（圖4.7）。另一方面，若是內螺紋，底徑雖然相同，但是細牙螺絲的內徑比較大。

　　粗牙螺絲是一種螺絲大徑對應一種螺距，細牙螺絲在M6以下也是如此對應，但M8以上則是從數種螺距中挑選1個適當的級距。一般都是使用粗牙螺絲，只有接下來介紹的特殊情況才會使用細牙螺絲。

圖4.7　M5「粗牙螺絲」及「細牙螺絲」的差異

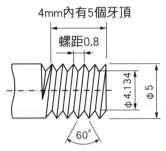

（a）M5粗牙螺絲（螺距0.8）

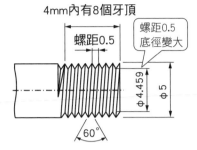

（b）M5細牙螺絲（螺距0.5）

細牙螺絲的用途

以下想要活用小螺距的情況，可使用細牙螺絲。

（1）不易破裂

如前面所述，細牙螺絲若是外螺紋則底徑較大，內螺紋則是內徑較大，所以變得不易破裂。

（2）不易鬆脫

牙頂數多時，圖4.3所示的螺旋傾斜角度會變小，不易鬆脫。

（3）適合微調

在第2章時已經介紹過了，藉由螺絲接觸來定位時，細牙螺絲轉動1圈前進的量比較少，非常適合用於微調。

（4）適合薄壁零件

細牙螺絲的螺距較小，所以螺紋牙頂數較多。例如，M5粗牙螺絲的螺距為「0.8mm」，細牙螺絲的螺距為「0.5mm」。螺紋長4mm內粗牙螺絲有5個牙頂，細牙螺絲則有8個牙頂。細牙螺絲的牙頂數較多，所以適合用於加工薄壁零件（**圖4.7**）。

公制螺紋螺距的表示方式

　　粗牙螺絲是用「M（螺絲大徑）」表示，細牙螺絲則是用「M（螺絲大徑）×（螺距）」來表示。也就是說，螺絲大徑後面若沒有螺距的標記就是粗牙螺絲，有則為細牙螺絲。

　　例如，M10細牙螺絲的螺距有「1.25」、「1」、「0.75」（mm）3種，選「1.25」時就以「M10×1.25」來表示（**圖4.8**）。為了提醒看圖的人是細牙螺絲，雖然不是JIS的製圖標準，但推薦以「M10×1.25（細牙螺絲）」來表示。

　　M10以下螺絲尺寸規格如**圖4.9**所示。

圖4.8　螺絲大小的標記

種類	標記方式	標記示例	
粗牙螺絲	M（螺絲大徑）	M10	為了提醒看圖的人建議追加（細牙螺絲）
細牙螺絲	M（螺絲大徑）×（螺距）	M10×1.25 M10×1.25（細牙螺絲）	

圖4.9　螺絲尺寸

螺絲的稱呼（螺絲大徑）	螺距		外螺紋的外徑內螺紋的底徑	外螺紋的底徑內羅紋的內徑	
	粗牙螺絲	細牙螺絲		粗牙螺絲	細牙螺絲
M3	0.5	0.35	3.000	2.459	2.621
M4	0.7	0.5	4.000	3.242	3.459
M5	0.8	0.5	5.000	4.134	4.459
M6	1	0.75	6.000	4.917	5.188
M8	1.25	1（0.75）	7.000	6.647	6.917（螺距）
M10	1.5	1.25　1（0.75）	8.000	8.376	8.917（螺距）

＊單位為mm，M10以後省略。細牙螺絲盡量選擇（　）以外的螺距

螺絲的強度

　　JIS中的「強度區分」是用來表示螺絲可以承受多大的力。一般使用上不需要特別在意，但當做參考在此稍微說明。

　　強度區分用「抗拉強度」及「降伏點」來表示。抗拉強度是指破壞時力的大小，降伏點則是指變形後回到原位時彈性範圍的上限（詳細會在第7章講解）。標記方式因螺絲材質如不鏽鋼或鉻鉬鋼等鋼製而有所不同。首先來看鋼製。

（1）鋼製

　　鋼製的強度區分有10種，以「3.6」、「4.6」、「4.8」、「5.6」、「5.8」、「6.8」、「8.8」、「9.8」、「10.9」、「12.9」來表示。解讀方式如下：小數點左側的數值為「抗拉強度」，用抗拉強度（N／mm^2）的百分之一來表示；右側的數值則為「降伏點」，用與抗拉強度比率的十分之一來表示。

　　例如：「12.9」代表抗拉強度為1200 N／mm^2，降伏點為1200×0.9的1080 N／mm^2。「6.8」代表抗拉強度為600 N／mm^2，降伏點為600×0.8的480 N／mm^2。換句話說，強度區分的數值愈大，強度就愈強。

（2）不鏽鋼

　　接著，材質為不鏽鋼時，會以「A2-70」這種方式表示。解讀方式如下：連字號左側的意思為不鏽鋼材質，右側則為抗拉強度（N／mm^2）的十分之一。例如「A2-70」為SUS304，抗拉強度為700 N／mm^2。

（3）內六角孔螺栓

　　內六角孔螺栓很常用來固定機械零件，此時鋼製大多使用「12.9」或「10.9」，不鏽鋼製則使用「A2-70」或「A2-50」。這些強度區方都記載在螺絲廠商的型錄裡。

4.3 螺絲和螺栓的種類

螺絲的分類

螺絲和螺栓的種類及名稱並沒有明確的定義，使用十字起子、一字起子的螺絲稱為「小螺絲」；使用六角扳手、愛倫扳手等工具，想要好好鎖緊時使用的螺絲稱為「螺栓」。除了小螺絲及螺栓，再加上「不需要工具的螺絲」及「特殊螺絲」，大致可以分成4類（**圖4.10**）。

圖4.10　螺絲的種類

分類	名稱	外觀	特徵	工具
小螺絲	圓頭小螺絲		螺絲頭為圓頭，用於固定小零件	十字起子、一字起子
	皿頭小螺絲		螺絲頭上部為平面，呈倒圓錐形。螺絲轉進後，螺絲頭不會凸出來	
	大扁頭小螺絲		螺絲頭直徑比圓頭小螺絲大，但高度較低	
螺栓	內六角孔螺栓		螺絲頭有六角形的孔，需用六角扳手來鎖	缺文
	外六角螺栓		頭部外型為六角形，用扳手來鎖	扳手、扭力板手
不需要工具	手轉螺絲		為了防止手滑，螺絲頭外部有細小的溝槽	（不需要工具）
	蝶型螺絲		旋轉蝶型處來鎖	
特殊螺絲	止付螺絲		沒有螺絲頭，螺絲兩側直接是六角形的孔	六角扳手
	自攻螺絲		鎖緊的同時加工內螺紋	螺絲起子

不需要工具的螺絲有「蝶型螺絲」等用手就能鎖緊的螺絲。特殊螺絲則有沒有螺絲頭的「止付螺絲」，鎖緊的同時加工內螺紋的「自攻螺絲」。

小螺絲的種類

螺絲頭為圓頭的「圓頭小螺絲」廣泛用來固定不需要很大緊固力的小零件。「皿頭小螺絲」的螺絲頭呈倒圓錐形，鎖緊螺絲時螺絲頭會沉到表面下。「大扁頭小螺絲」的特徵是螺絲頭外徑很大但高度較低，外觀很良好，所以適合固定表面（**圖 4.11（a）**）。

用來鎖緊螺絲的溝槽型狀有十字形狀的「十字孔」及縱向切口的「一字槽」。十字孔又稱為「正號」，用十字起子來鎖；而一字槽又稱為「負號」，用一字起子來鎖（同圖（b））。一般來說大多使用十字起子，因為其作業方便性高又很可靠。

圖 4.11　小螺絲的種類

（a）螺絲頭的形狀

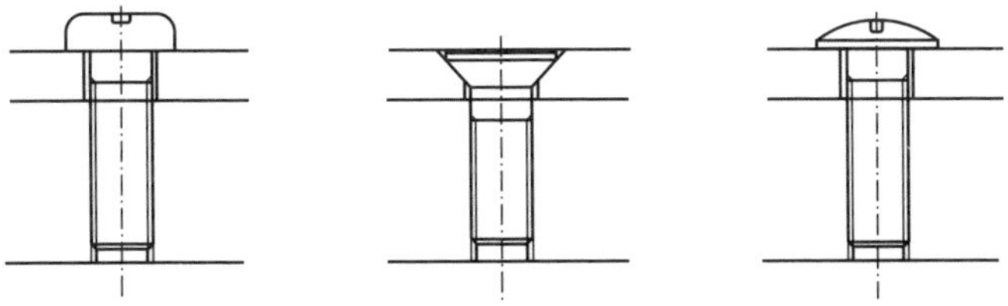

〈圓頭小螺絲〉　〈皿頭小螺絲〉　〈大扁頭小螺絲〉

（b）鎖緊螺絲的溝槽型狀

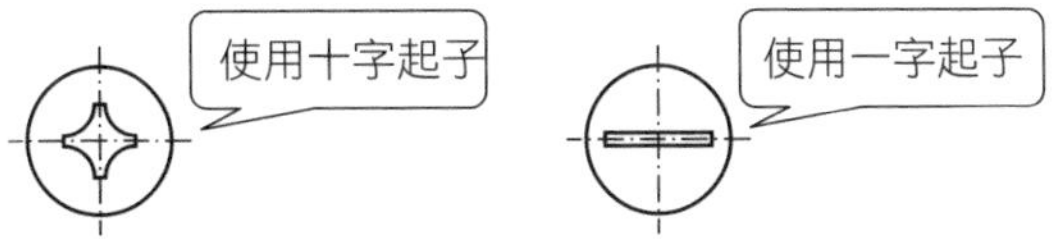

〈十字孔（正號）〉　〈一字槽（負號）〉

皿頭小螺絲的注意點

螺絲最少需要使用2根，因此皿頭小螺絲與切孔的中心距的變化（螺距誤差）可能會造成螺絲頭無法沉到表面下（**圖4.12**）。

皿頭小螺絲以外的螺絲，切孔與螺絲大徑間存在著間隙，所以可以忽略螺距誤差；但是皿頭小螺絲就算切孔與螺絲大徑間存在著間隙，螺絲頭仍沿著切孔傾斜，所以不容許螺距誤差。換句話說，1根螺絲可以完美地鎖進去，但另1根螺絲因為切孔傾斜向上浮動，有可能螺絲頭無法沉到表面下，因此需要多加注意。

圖4.12　皿頭小螺絲的注意點

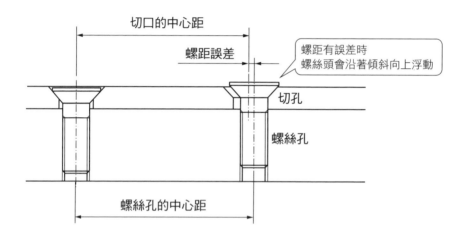

螺栓的種類

「內六角孔螺栓」及「外六角螺栓」為注重緊固力的螺絲。內六角孔螺栓的螺絲頭為六角形孔，因為L形的六角扳手插入旋轉，所以能用很大的力矩來鎖緊（**圖4.13（a）**）。螺絲的材質為合金鋼的鉻鉬鋼及不鏽鋼，所以特徵是強度很強。

另一方面，螺絲頭太大為其缺點。螺絲頭的高度與螺絲大徑相同，所以若是M6的話高度就是6mm。若想避免螺絲頭凸出來，就得用深鍃孔加工讓它沉到表面下。

螺絲頭比內六角孔螺栓矮的是外六角螺栓。外六角螺栓的螺絲頭外型為六角形，用扳手鎖緊（同圖（b））。

圖4.13　內六角孔螺栓及外六角螺栓

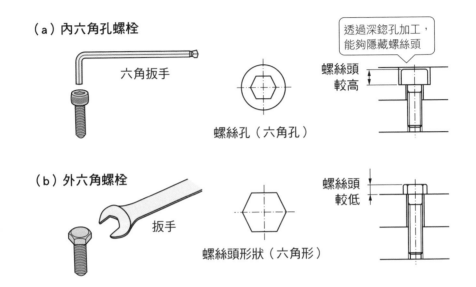

（a）內六角孔螺栓

六角扳手

螺絲孔（六角孔）

透過深錗孔加工，能夠隱藏螺絲頭

螺絲頭較高

（b）外六角螺栓

扳手

螺絲頭形狀（六角形）

螺絲頭較低

內六角孔螺栓的優點

　　實務上會將內六角孔螺栓及外六角螺栓分開使用。

　　先來介紹內六角孔螺栓的優點：

　　①透過深錗孔加工，能夠隱藏螺絲頭。因為外六角螺栓是使用扳手，深錗孔加工的話無法鎖緊螺絲。

　　②外六角螺栓只能用扳手的2個面來鎖緊，但內六角孔螺栓能用6個面穩定地鎖緊。

　　③內六角孔螺栓就算和螺絲很靠近也能鎖緊，但外六角螺栓需要有讓扳手介入的間隙，所以螺絲間需保有一定的間隔。

　　④螺栓為向上鎖時，內六角孔螺栓可以藉由將六角扳手插入六角孔內同時固定和旋轉，但外六角螺栓必須要用一隻手固定螺栓，同時用另一隻手旋轉扳手，操作上非常不方便。

外六角螺栓的優點

基於上述的理由，一般多使用內六角孔螺栓，但是為了活用以下優勢時會使用外六角螺栓：

①螺絲頭較低。②能夠從側面鎖螺絲頭的螺絲只有外六角螺栓。

③粉塵較多的環境中，在內六角孔螺栓的孔內有異物時鎖緊，螺絲孔可能會壞掉，而外六角螺栓若附著異物扳手就無法扣合，所以旋轉時便會發現。

不需要工具的螺絲

因應產品多樣化等需要頻繁地取下固定用螺絲時，使用不需要工具的螺絲會很方便。其中代表性的螺絲有「手轉螺絲」、「蝶型螺絲」（圖4.14）。省略取出及整理工作時的作業程序，效果其實比預期來得更好。此外，在第3章介紹的旋鈕、可調式把手也一樣是不需要工具的螺絲。

市面上各家廠商販售著各種類型的螺絲。

圖4.14 主要不需工具的螺絲

（a）手轉螺絲　　　　　（b）蝶型螺絲　　　　　（c）旋鈕

止付螺絲及自攻螺絲

　　「止付螺絲」沒有螺絲頭，螺絲兩側直接是六角形的孔（圖4.15（a））。又稱做「無頭螺絲」、「定位螺絲」，也有螺絲前端是平端及尖端的類型。因為沒有螺絲頭，所以適合在狹窄空間使用，像是齒輪或是聯軸器固定軸處。此外，埋進零件中就會看不見，很有設計性也是其特色之一。另一方面，止付螺絲的六角孔比內六角孔螺栓的六角孔小，六角扳手也比較細，因此緊固力比較弱。

　　「自攻螺絲」又稱做「自攻」，鎖緊螺絲的同時在螺絲前端加工內螺紋，是一種非常特別的螺絲（同圖（b））。雖然事先需要加工鑽孔，但不需要加工內螺紋是很大的優勢。軟鋼材的話，厚度5mm以下為基準，適用於鋁材或是塑膠材。木材的話，不僅不需要加工內螺紋，也不需要加工鑽孔，就能鎖緊螺絲。

圖4.15　特殊螺絲

（a）止付螺絲（無頭螺絲、定位螺絲）

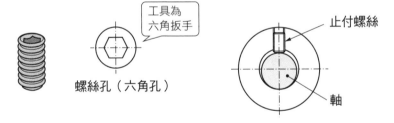

工具為六角扳手

螺絲孔（六角孔）

止付螺絲

軸

（b）自攻螺絲

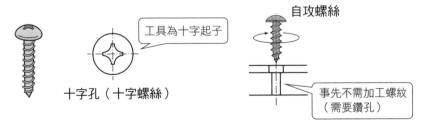

工具為十字起子

十字孔（十字螺絲）

自攻螺絲

事先不需加工螺紋（需要鑽孔）

4.4 選擇螺絲的方法

螺絲的種類

介紹用於治具及機械的代表性螺絲：

①基本上使用具有緊固力的「內六角孔螺栓」。

②零件需要交換時，使用不需工具的「手轉螺絲」等來固定。

③固定表面時，用低螺絲頭、外相較好的「大扁頭小螺絲」。

決定螺絲大徑的方式

螺絲大徑的粗度需要在受到外力時不會破壞。一般**根據經驗來決定**，但這裡介紹理論上的方式做為參考。

以下2種案例，沿軸方向施加外力及施加橫向剪力。

（1）沿軸方向施加外力

軸方向外力的大小為 W（N）、螺絲的有效斷面積為 A（mm^2）、螺絲材料的抗拉強度為 σ（N／mm^2）、假設安全係數為 S，「W=A・σ／S」。安全係數是指為了因應材料本身的差異、隨時間產生變化、非預期外力帶來的影響，材料強度設定的安全程度。這裡設定安全係數為「5」（圖4.16）。

然後，使用剛才介紹的螺絲強度區分「12.9」，抗拉強度為 σ 為1200 N／mm^2。接著就能夠計算各螺絲大徑容許的外力大小。

例如，若是M4螺絲，螺絲的有效面為為8.78mm^2，

W＝A・σ／S＝8.78mm^2×1200N／mm^2／5 ≒ 2107N ≒ 215kgf

所以能夠承受215kgf的外力。

圖 4.16　安全係數的基準

材料	靜載重	反覆載重		衝擊載重
		脈動	交替	
鋼	3	5	8	12
鑄鐵	4	6	10	15
銅及銅合金	5	6	9	15

（2）施加橫向剪力

　　一般來說，剪力強度是抗拉強度的80%。這裡整理了M3至M10所能容許的外力大小給各位參考，如圖**4.17**。

圖 4.17　能容許的外力大小基準

螺絲大徑	內螺紋的有效斷面積（mm²）	抗拉載重（kgf）	剪力載重（kgf）
M3	5.03	123	98
M4	8.78	215	172
M5	14.2	348	278
M6	20.1	492	393
M8	36.6	896	717
M10	58.0	1420	1136

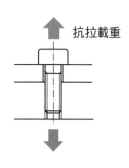

抗拉載重

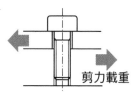

剪力載重

〈前提條件〉
・抗拉載重＝內螺紋的有效斷面積×抗拉強度／安全係數
・剪力載重＝內螺紋的有效斷面積×剪力應力／安全係數
・安全係數為5（交替反覆載重）
・螺栓的強度區分為「12.9」（抗拉強度為1200N／mm²，降伏點為抗拉強度的0.9倍）
・剪力應力為抗拉強度的「80%」

決定螺絲鎖入深度的方式

外螺紋及內螺紋嵌合的「牙數」太少時，螺紋山頂可能會剪力破壞，因此需要一定程度以上的「螺絲鎖入深度」。

相反地，若這個深度若太長，會造成內螺紋加工的浪費，或是鎖進螺栓時過度旋轉。

所以，這裡介紹各種內螺紋材質「螺絲鎖入深度」的基準（圖4.18、4.19）。

（1）內螺紋材質為鋼鐵材質時（鑄鐵除外）

基本上「螺絲鎖入深度＝螺絲大徑」。受到龐大的外力或震動時，設定為「螺絲大徑×1.5倍」，表面不需施加外力等的地方能以「4個螺距長」來固定。

（2）內螺紋材質為鑄鐵或鋁時

「螺絲鎖入深度＝螺絲大徑×1.8倍」為基準。

（3）內螺紋材質為塑膠材時

使用「螺紋護套」，後面會再詳細說明。

（4）像金屬薄板這類無法確保螺絲鎖入深度時

使用「凸緣加工」或「嵌入式螺帽」，後面會再詳細說明。

圖4.18　螺絲鎖入深度

材料的種類		螺絲鎖入深度的基準	M6的螺絲鎖入深度（螺距為1mm）
鋼鐵材料（鑄鐵除外）	一般	與螺絲大徑銅同尺寸	6mm
	震動・衝擊・重載重	螺絲大徑×1.5倍	9mm
	輕載重（護套等）	4個螺距長	4mm
鑄鐵或鋁		螺絲大徑×1.8倍	11mm
塑膠材		使用螺紋護套	
材料為厚度較薄的金屬板		凸緣加工、嵌入式螺帽	

螺絲深度及鑽孔深度

用鑽頭開了鑽孔後，用「攻牙器（絲攻）」來加工內螺紋。這個螺絲深度以「螺絲鎖入深度加2個以上的螺距」為基準。

此外，鑽孔需要加工比螺絲深度多5個螺距左右（**圖4.19**）。這是因為考慮到了攻牙器前端「攻擊部分」的長度。不過，設計圖所指示的只有螺絲深度，鑽孔深度由加工者決定。

圖4.19　螺絲的加工尺寸

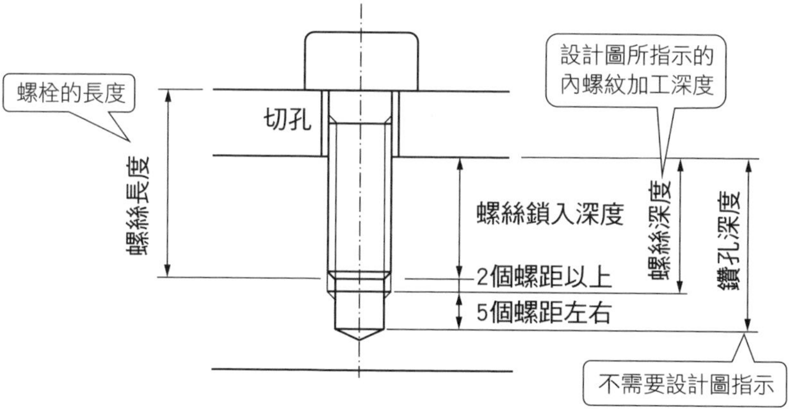

選定螺絲尺寸的程序

①按以往經驗來決定「螺絲大徑」（通常無法計算出強度）。

②從**圖4.18**假設「螺絲鎖入深度」。

③固定的零件厚度加上②所假設的「螺絲鎖入深度」，算出需要的「螺絲長度」。從市售的螺絲中找出比這個計算值長一點的尺寸，決定出「螺絲長度」。

④決定的螺絲長度減去固定零件的厚度，決定出「螺絲鎖入深度」。

⑤螺絲鎖入深度加上2個以上的螺距，決定出「螺絲深度」。

4.5 螺絲相關知識

六角螺帽

　　取得內螺紋的方式有2種，對目標工件進行「內螺紋加工」以及使用市售的「六角螺帽」（圖4.20）。這裡要介紹後者的六角螺帽。六角螺帽外邊為六角形，中心處進行了內螺紋加工。

　　使用六角螺帽的優點為：

　　①不需要幫目標工件進行內螺紋加工。

　　②萬一螺絲受損了，只需更換新的就能輕鬆解決。

　　另一方面，使用六角螺帽的缺點為：

　　①鎖緊螺絲時，必須同時固定住六角螺帽與螺栓雙方，操作不方便。

　　②螺帽會凸出來，有可能會干擾到其他零件。

　　基於上述優缺點，在治具及機械上一般使用前者加工內螺紋的方式居多。

圖4.20　內螺紋加工及六角螺帽

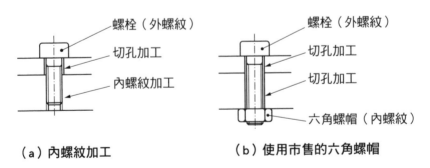

（a）內螺紋加工　　　　　（b）使用市售的六角螺帽

快速鎖緊螺帽

　　「快速鎖緊螺帽」可以節省旋轉螺帽的動作。構造為貫通孔相對於螺絲孔稍微傾斜，螺栓通過貫通孔推壓至緊固位置後，將螺栓調整回水平狀態以鎖緊〔圖4.21〕。需要頻繁地卸除時，快速鎖緊螺帽是很方便的零件〔1千日圓起〕。

圖4.21　快速鎖緊螺帽

（a）外觀及斷面形狀

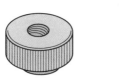

貫通孔　螺絲孔

（b）使用方式

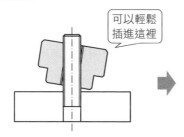
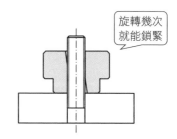

可以輕鬆插進這裡

旋轉幾次就能鎖緊

提升內螺紋強度的螺紋護套

　　鋁材或是塑膠材等柔軟的材料需要使用M3或M4這種小螺絲時，反覆多次卸除螺栓會提高螺紋牙頂損壞的機率。此時最方便的方式就是使用「螺紋護套」〔圖4.22〕。

　　螺紋護套是不鏽鋼等較硬的材質，斷面為菱形環狀，內側通常是內螺紋。用專用的工具將螺紋護套埋入目標工件來使用〔數十日圓起〕。

　　另一種用途是，當目標工件的內螺紋破損時，只要將螺紋護套埋入螺絲孔，就能讓螺絲復活。

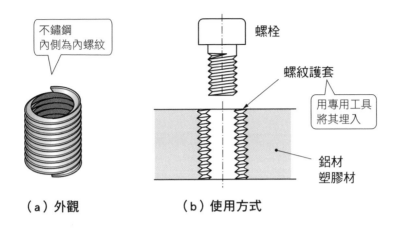

圖 4.22 螺紋護套

不鏽鋼
內側為內螺紋

螺栓

螺紋護套

用專用工具
將其埋入

鋁材
塑膠材

（a）外觀　　　　　（b）使用方式

凸緣加工

想要把螺絲鎖進薄板但板子厚度不夠時，透過「凸緣加工」就能將螺絲鎖進（圖4.23）。例如想要鎖進M3螺絲時，板子厚度必須跟螺絲大徑一樣是3mm；但若是進行凸緣加工，3mm以下厚度的薄板也能夠鎖進M3螺絲。

用鑽頭開了鑽孔後，插入有點粗的銷形專用工具薄板會延展成凸狀，彷彿板子的厚度變厚。這邊是用攻牙器來加工螺絲。雖然加工方式很大膽，卻是很常使用的方式。

圖 4.23 凸緣加工

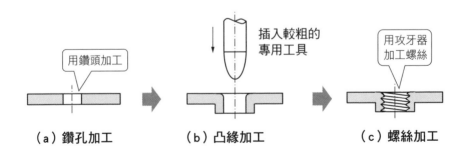

用鑽頭加工

插入較粗的
專用工具

用攻牙器
加工螺絲

（a）鑽孔加工　　　（b）凸緣加工　　　（c）螺絲加工

嵌入式螺帽

與凸緣加工相同，想要把螺絲鎖進薄板時，也可使用「嵌入式螺帽」（圖4.24）。嵌入式螺帽的單側六角螺帽呈段差型。薄板鑽孔後，將嵌入式螺帽的段差部位釘入孔中。

嵌入式螺帽段差的前端部分為有缺口的楔子形狀，藉此來防止脫落及旋轉。

圖4.24　嵌入式螺帽

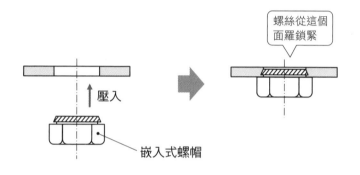

普通墊圈

用螺栓固定時，與目標工件間夾著的零件是墊圈。「普通墊圈」又稱平墊圈（flat washer），尺寸要比螺栓的螺絲頭外徑還大，選擇時需配合螺絲大徑的尺寸（圖4.25）。

主要的功能有2個，一是目標工件為鋁材或塑膠材這種較軟的材料時，藉由夾入平墊圈降低面壓來防止受損，以及防止由於面塌陷導致螺絲鬆動。

另1個功能為，不明原因導致切孔比規定尺寸大時，透過夾入平墊圈來增大加壓面積。

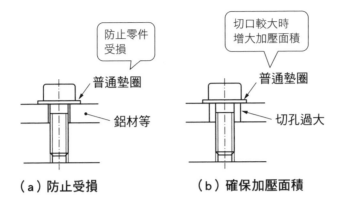

圖 4.25　普通墊圈

防止零件
受損

普通墊圈

鋁材等

（a）防止受損

切口較大時
增大加壓面積

普通墊圈

切孔過大

（b）確保加壓面積

彈簧墊圈

　　「彈簧墊圈」英文是「spring washer」，切斷普通墊圈一處後予以扭轉，讓它帶有彈性。長期以來普遍認為彈簧墊圈具有防止鬆動的效果，但是與按照規定的鎖緊扭力鎖螺絲時所產生的緊固力相比，彈簧墊圈的彈力相當低，以及從各種鬆動試驗中無法看見防止鬆動的效果。從網路上也能查詢到許多相關的資訊，請參考看看。

防止螺絲鬆動

　　螺絲的設計是只要按照規定的鎖緊扭力鎖螺絲，就不會鬆掉，但根據使用狀況如鎖緊面的粗糙程度、有無異物附著，或是受到震動、衝擊、溫度變化的影響等，就有可能會鬆動。

　　以下統整了防止鬆動的對策：

（1）沿著對角鎖螺絲

　　4個以上的地方需要鎖螺絲時，按對角線順序鎖。如果沿著時針方向的順序鎖，力會集中在一處，因此藉由沿著對角鎖來平均分散力。此外，第1圈是大概鎖一下的程度，第2圈才是真的鎖緊（圖4.26（a））。

（2）加強鎖緊

單從文字來看，感覺是鎖了一次之後再施加更大的力鎖緊，但不是這個意思。「加強鎖緊」是指鎖完後放置一段時間，再次用規定的扭力鎖緊。目的是為了確認鬆動狀況。

（3）使用細牙螺絲

如前面說明，螺絲的螺距有2種，大螺距為粗牙螺絲，小螺距為細牙螺絲。細牙螺絲的螺旋角度（導程角）比粗牙螺絲來的淺，所以不容易鬆動（同圖（b））。

例如M5的螺旋角度（導程角），粗牙螺絲為「3°31'」，而細牙螺絲為「2°29'」，明顯細牙螺絲比較淺。

（4）防鬆動劑

這是在螺栓的螺絲部塗抹液態防鬆動劑的固定方式。操作非常簡單，所以很常使用，當中最廣為人知的是樂泰這個廠牌。

（5）防鬆動螺帽

市面上販售著各家廠商努力研發的防鬆動螺帽。

圖4.26　防止螺絲鬆動

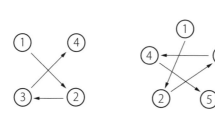

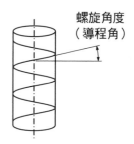

（a）沿著對角鎖螺絲　　　　（b）螺絲的螺旋角度

（6）雙螺帽式

用六角螺帽鎖時，使用2個螺帽的方法稱為「雙螺帽式」（圖4.27）。此時鎖螺帽的順序非常重要。

①鎖螺帽A。

②從其上方鎖螺帽B。

③用扳手固定螺帽B，接著反向旋轉螺帽A，讓螺帽A和螺帽B成互相擠壓的狀態。

也就是說，實際上是用螺帽B來鎖，所以螺帽B需和螺帽A同樣厚度，或是使用比螺帽A厚的螺帽。

圖4.27　雙螺帽式

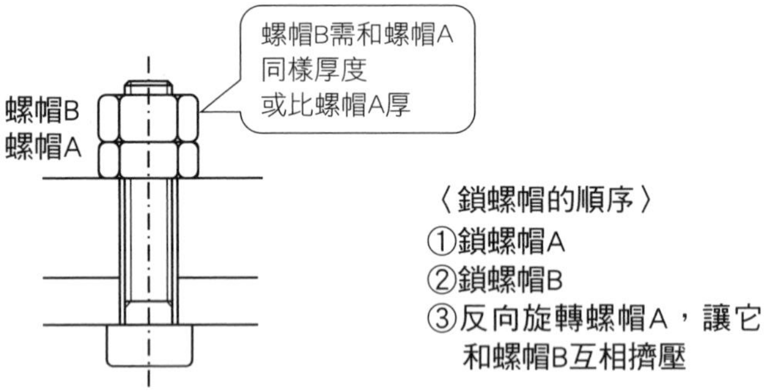

螺帽B需和螺帽A
同樣厚度
或比螺帽A厚

螺帽B
螺帽A

〈鎖螺帽的順序〉
①鎖螺帽A
②鎖螺帽B
③反向旋轉螺帽A，讓它
　和螺帽B互相擠壓

第 **5** 章

運動導引與
測量儀器

5.1 平面運動導引零件

支撐運動的導引零件

這個章節中要介紹能夠有效且穩定運動的導引零件。從運動方向來看可區分成「平面運動」、「往復直線運動」、「旋轉運動」（圖5.1）。從構造差異來看可分為以面承受較大外力、耐衝擊的「滑動軸承」，以及透過滾動鋼珠運作、摩擦力小的「滾動軸承」。

這裡從運動方向來介紹，首先是平面運動。

圖5.1　導引零件的種類

導引方向	種類	構造	特徵
平面運動	襯套（板狀）	滑動軸承	可應對重物
	萬向滾珠	滾動軸承	可輕輕地滾動
往復直線運動	滑軌	滾動軸承	便宜且輕巧
	直線軸承		可應對高精度運動 亦有防旋轉的類型
	附滑軌直線軸承		可應對高精度運動 亦可應對重物
	凸輪從動件、 滾柱從動件		當做搬運滾珠來使用
旋轉運動	襯套（圓筒型狀）	滑動軸承	亦可應對往復直線運動
	軸承	滾動軸承	通用零件

板狀的襯套

滑動軸承的代表就是「襯套」(圖5.2)。襯套的材料為塑膠材或金屬，有用潤滑劑浸漬的類型，還有材料表面抗摩擦且具有耐磨層的類型，不需要加油就可使用。

在平面上滑動時非常方便。

圖5.2 襯套（板狀）

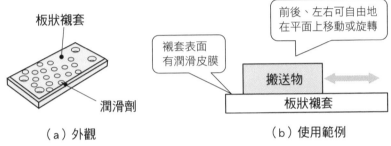

（a）外觀　　　　　　　　（b）使用範例

萬向滾珠

在第3章介紹過的定位珠，去除掉它的彈簧後就是「萬向滾珠」(圖5.3)。重物在台上滑動時，因為會產生摩擦力，所以需要花費比預想更大的作用力。此時，透過使用萬向滾珠，就可用較小的力推動。不僅可以前後、左右移動，也可以旋轉〔數百日圓起〕。

圖5.3 萬向滾珠

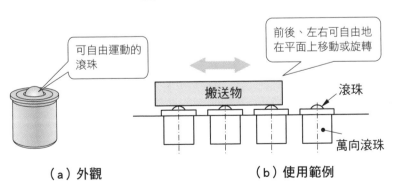

（a）外觀　　　　　　　　（b）使用範例

5.2 往復直線運動導引零件

滑軌

　　這節要來向各位介紹往復直線運動（直線運動）的導引零件。「滑軌」是由板金加工成凹狀的2個構件組合而成，兩者間夾著鋼珠，構造非常簡單（圖5.4）。常當做桌子抽屜的滑軌使用，又稱為「抽屜滑軌」。

　　輕巧且便宜，適合用於導引不需要精度，且較輕的物品。

圖5.4　滑軌

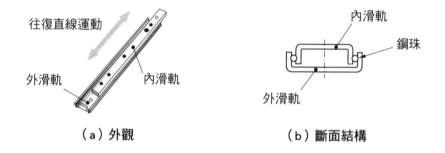

（a）外觀　　　　　　　　　（b）斷面結構

直線軸承

　　「直線軸承」是用於直線運動，不是用來旋轉（圖5.5）。其構造為鋼珠在保持器中循環。適用於摩擦力小、高精度的定位。名稱根據廠商有所差異，如線性襯套、直線襯套、線性軸承、直線軸承〔1千日圓起〕。

　　此外，市面上亦有販售附防旋轉功能的直線軸承，又稱為滾珠花鍵、線性滾珠襯套。透過鋼珠沿著軸側面的溝槽運動來防止旋轉，與專用的軸配套使用〔數千日圓起〕。

圖5.5　直線軸承

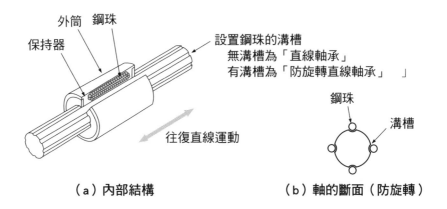

外筒　鋼珠
保持器

設置鋼珠的溝槽
　無溝槽為「直線軸承」
　有溝槽為「防旋轉直線軸承」　」

往復直線運動

鋼珠
溝槽

（a）內部結構　　　　　　　　（b）軸的斷面（防旋轉）

附滑軌直線軸承

　　「附滑軌直線軸承」相較於前面介紹的滑軌，精度格外地高，是從輕到重的物品都能使用的導引零件（**圖5.6**）。內含鋼珠的滑塊在專用滑軌上滑動。

　　又稱為LM滾動導軌、線性導軌、線性滑軌，軌道長度種類豐富〔數千日圓起〕。

圖5.6　附滑軌直線軸承

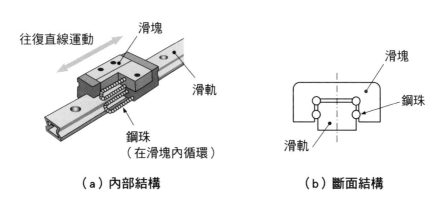

往復直線運動　滑塊

滑軌

鋼珠
（在滑塊內循環）

滑塊
鋼珠
滑軌

（a）內部結構　　　　　　　（b）斷面結構

凸輪從動件及滾柱從動件

「凸輪從動件」為外輪可旋轉的附軸軸承（圖5.7（a）），內部組裝許多滾針。凸輪從動件本身附有軸，而「滾柱從動件」則沒有軸（同圖（b））。滾柱從動件與下一章要介紹的一般軸承相比外輪較厚，所以可以承受龐大的外力和衝擊，廣泛應用於搬送用滾輪（同圖（c））。

此外，外輪有圓筒狀及球面狀2種規格。圓筒狀用於搬送物及線接觸，球面狀則用於點接觸（同圖（d）（e））〔1千日圓起〕。

圖5.7　凸輪從動件及滾柱從動件

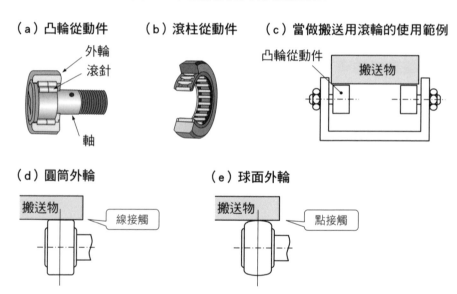

（a）凸輪從動件　　（b）滾柱從動件　　（c）當做搬送用滾輪的使用範例

外輪
滾針
軸
凸輪從動件
搬送物

（d）圓筒外輪　　　　　　　（e）球面外輪

搬送物
線接觸
搬送物
點接觸

5.3　旋轉運動導引零件

圓筒狀的襯套

接著來介紹旋轉運動的導引零件。首先是本章開頭平面運動導引零件也介紹過的襯套。用於旋轉運動的襯套為圓筒狀（**圖5.8**）。軸不僅能「旋轉」，亦能用於「直線運動」。

襯套是以面受力的滑動軸承，所以能承受龐大的外力及衝擊力。潤滑劑浸漬金屬或塑膠的類型不需要加油，也是其中一項特徵。

而設計上的優點是不需要使用鋼珠，因此厚度僅1mm也能應對〔數百日圓起〕。

圖5.8　襯套

厚度1mm等

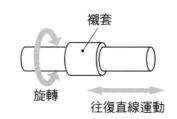
襯套
旋轉
往復直線運動

（a）外觀　　　　　　（b）運動方向

軸承

滾動軸承是透過滾動鋼珠、摩擦力小且便宜的軸承。構造簡單，由外輪、內輪、鋼珠、保持器組成。根據受力的方向，分成垂直軸方向受力的「徑向軸承」及沿著軸方向受力的「止推軸承」2種類型（**圖5.9、5.10**）。這些軸承的規格皆由JIS規格來制定，所以不同廠商間也相容。

第 5 章

運動導引與測量儀器

113

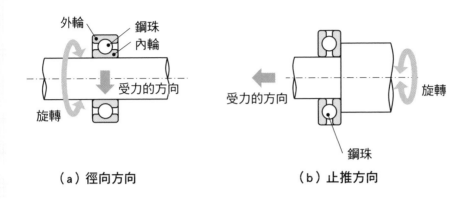

圖5.9 2個受力方向

（a）徑向方向   （b）止推方向

圖5.10 軸承的種類

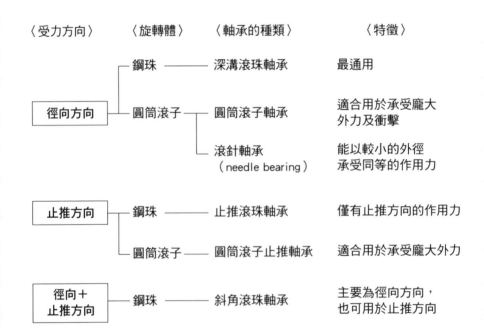

〈受力方向〉	〈旋轉體〉	〈軸承的種類〉	〈特徵〉
徑向方向	鋼珠	深溝滾珠軸承	最通用
	圓筒滾子	圓筒滾子軸承	適合用於承受龐大外力及衝擊
		滾針軸承 （needle bearing）	能以較小的外徑承受同等的作用力
止推方向	鋼珠	止推滾珠軸承	僅有止推方向的作用力
	圓筒滾子	圓筒滾子止推軸承	適合用於承受龐大外力
徑向＋ 止推方向	鋼珠	斜角滾珠軸承	主要為徑向方向，也可用於止推方向

徑向方向的軸承

　　垂直軸方向受力的徑向軸承有「深溝滾珠軸承」、「圓筒滾子軸承」、「滾針軸承」〔數百日圓起〕（圖5.11）。

　　深溝滾珠軸承為最通用的軸承，因為透過使用鋼珠以點接觸，摩擦力較小，適合用於高轉速或低噪音。

　　圓筒滾子軸承透過使用許多細針狀的圓筒滾子，能縮小外徑，進而能節省空間。英文是「needle bearing」〔數百日圓起〕。

圖5.11　徑向方向的軸承

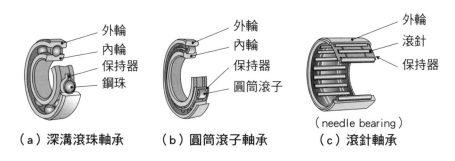

外輪
內輪
保持器
鋼珠

外輪
內輪
保持器
圓筒滾子

外輪
滾針
保持器

（needle bearing）

（a）深溝滾珠軸承　　　（b）圓筒滾子軸承　　　（c）滾針軸承

止推方向的軸承

　　沿著軸方向受力的「止推軸承」有「止推滾珠軸承」和「圓筒滾子止推軸承」〔數百日圓起〕（圖5.12）。

　　兩者的不同在於受力零件的形狀。止推滾珠軸承使用鋼珠，圓筒滾子止推軸承則使用圓筒滾子。這之間的差異和前面介紹的深溝滾珠軸承與圓筒滾子軸承的差異同理，圓筒滾子止推軸承為線接觸，能承受龐大的作用力。

圖 5.12　止推方向的軸承

圖 5.12　止推方向的軸承

鋼珠

圓筒滾子

（a）止推滾珠軸承　　　　　　　（b）圓筒滾子止推軸承

徑向＋止推方向的軸承

主要為徑向方向，也可承受止推方作用力的軸承為「斜角滾珠軸承」。
如圖5.13(a)，鋼珠具有接觸角。通常會2個併用〔數百日圓起〕（同圖(b)）。

圖 5.13　徑向＋止推方向的軸承

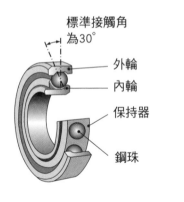

標準接觸角
為30°

外輪

內輪

保持器

鋼珠

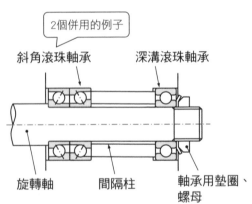

2個併用的例子

斜角滾珠軸承　　　　深溝滾珠軸承

旋轉軸　　　間隔柱　　　軸承用墊圈、
　　　　　　　　　　　　　螺母

（a）斜角滾珠軸承　　　（b）斜角滾珠軸承及深溝滾珠軸承的使用範例

116

5.4 治具中常見的機械零件

減震器

要讓運動中的目標工件停止時，若在高速下撞上制動器，會因為衝擊而產生反彈。此時，藉由使用「減震器」可以降低衝擊使其緩緩地停下（圖5.14）。

使用上常常運用彈簧〔數千日圓起〕。

圖5.14 減震器

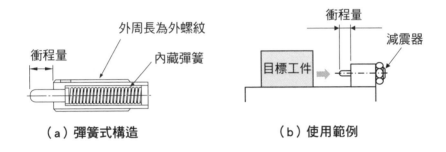

（a）彈簧式構造　　　　　　　　（b）使用範例

壓縮螺旋彈簧

施加作用力就會變形，移除作用力就會恢復原狀，利用這種彈性變形的機械零件就是彈簧。「壓縮螺旋彈簧」是利用壓縮變短時的恢復力（圖5.15）。彈簧的強弱程度以「彈簧係數」來表示，這項數值愈大代表愈不易變形（很硬）。單位為「N／mm」。

單位的牛頓以N表示，除以9.8可換算成「kgf」（若覺得難記，就改成除以10，因為誤差只有2%，不影響大局）。

壓力的大小（N）＝彈簧係數（N／mm）× 變形量（mm）

最大的變形量記載在廠商型錄中。

圖5.15　壓縮螺旋彈簧

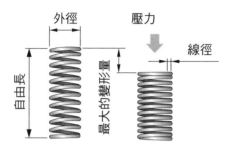

〈市售品的例子〉
外徑φ14mm、線徑φ1.0mm
自由長30mm、彈簧係數0.5N／mm
最大變形量13mm

→施加5.0N的外力
　5.0（N）／0.5（N／mm）
　＝10mm變形量

→要變形5mm
　需要0.5（N／mm）×5mm
　＝2.5N的作用力

拉伸彈簧

　　與壓縮螺旋彈簧相反，拉伸彈簧是利用伸展時的恢復力。為了能輕鬆地伸展，彈簧的兩端為掛鉤形狀（**圖5.16**）。有一點要注意的是，壓縮螺旋彈簧在施力的瞬間開始變形，而拉伸彈簧則是施加一定程度以上的作用力後才開始變形。這個一定程度的作用力稱為「初張力」（N／mm）。

　　拉力的大小（N）＝彈簧係數（N／mm）× 變形量（mm）＋初張力（N）

圖5.16　拉伸彈簧

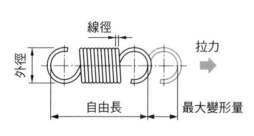

〈市售品的例子〉
外徑φ12mm、線徑φ1.8mm
自由長40mm、彈簧係數8.6N／mm
最大變形量7mm、初張力23.5N

→施加5.0N的外力
　（50-23.5）N／8.6（N／mm）
　　　≒3.1mm變形量

→要變形5mm
　需要23.5N＋（8.6N／mm×5mm）
　　＝66.5N的作用力

準備彈簧的訣竅

用前頁的計算式選出適合的彈簧，但由於彈簧本身的差異或與治具組合時滑動部的摩擦等，導致無法完成預期動作的情形也很常見。因此，在準備時除了計算好的彈簧，建議也同時準備比彈簧係數稍強及稍弱的彈簧。因為1個價錢約100至200日圓很便宜，可以同時準備好3個，配合現場選擇最適合的那1個。

手動沖床

手動沖床為旋轉轉輪時滑塊就會上下移動的沖床。把手左右兩邊都可以旋轉（圖5.17（a））。雖然名稱叫做沖床，但它不僅能沖切、彎曲金屬板，也能用於加壓、黏貼等，是廣泛用於各領域的器具〔10萬日圓起〕。

水平螺栓

想要調整高度或是要在傾斜的台上做出水平時，使用「水平螺栓」非常方便（圖5.17（b））。因為是螺絲式，所以能夠輕鬆地調整螺絲鎖入的量〔數百日圓起〕。

圖5.17　手動沖床與水平螺栓

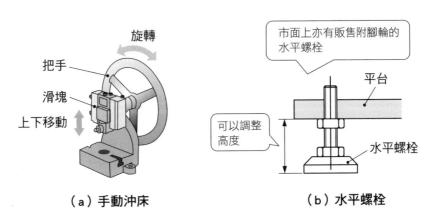

旋轉
把手
滑塊
上下移動

市面上亦有販售附腳輪的水平螺栓
平台
可以調整高度
水平螺栓

（a）手動沖床　　　　　　　　（b）水平螺栓

5.5 測量的基本概念

測量以確保品質

透過測量來確定是否有按照設計圖來加工、組裝、調整。設計圖中會指示「目標值」及「公差」。例如50 ± 0.05mm的情形,「50」為目標值,「± 0.05」為公差。公差為容許的誤差範圍,所以此時49.95至50.05mm屬於合格範圍。

長度的單位

長度的單位有許多種類(圖5.18)。周遭常常使用的是「公尺」,而日本獨自的尺貫法(度量衡單位)為「寸」、「尺」。此外,在海外則使用「英寸」、「英里」。

工業產品以全球通用的國際單位制(SI)米制為標準,使用「公分」、「毫米」、「微米」等單位。此外,設計圖的長度單位是使用「毫米」。

圖5.18　長度的單位（SI單位制）

單位		1m換算		
km	公里	1,000	千倍	10^3
m	公尺	1	(基準)	(基準)
cm	公分	0.01	百分之一	10^{-2}
mm	毫米	0.001	千分之一	10^{-3}
μm	微米	0.000001	百萬分之一	10^{-6}

真值與誤差

不管如何精密地測量，真值和測定值間一定會有落差，也就是說會產生誤差。因此，如何縮小誤差就是測量的重點所在。

誤差分為「偶然誤差」及「系統誤差」。偶然誤差是指無法管理、偶然出現的誤差，如因為灰塵或異物附著等所導致，透過增加測量次數就能夠減少其影響。

另一方面，系統誤差為具有一定傾向的誤差，由於熱脹冷縮或測量儀器本身的誤差所造成。因此，必須管理測量溫度或將測量儀器本身的誤差「校正」至接近零。

在20℃測量

材料會隨溫度上升而膨脹，膨脹的程度根據材料的種類有所差異，以「線膨脹係數」來表示。係數的數值愈大，就代表愈容易受熱影響、愈容易伸長。

例如鋼鐵材的線膨脹係數為「11.8×10^{-6}／℃」、鋁材則為23.5×10^{-6}／℃，所以可得知鋁材比鋼鐵材容易伸長，大約是2倍程度。

在20℃下檢查是JIS規格的規定。處理精密零件的檢查室溫度控制在20℃也是基於此規定。之後會在第7章再詳細地說明熱膨脹。

5.6 直接測量的測量儀器

直接測量與間接測量

「直接測量」是直接從儀器讀取測量值的方法。另一方面,「間接測量」是測量位移量,與其他基準來做比較的測量方法。根據目的分別使用這2種測量方式(圖5.19)。

圖5.19　主要測量長度的儀器

測量儀器的種類		最小測量值(例子)
直接測量	直尺、曲尺	0.5mm
	游標尺	0.01mm(電子) 0.05mm(非電子)
	測微器	0.001mm(電子) 0.01mm(非電子)
	高度規	0.01mm(電子) 0.05mm(非電子)
	三次元量床	0.0001mm等
間接測量	針盤指示器	0.001至0.01mm
	間隙規	0.03mm
	栓規	—
	塊規	—
	感壓紙	—

直尺及曲尺

「直尺」又叫「間尺」。規格有從150毫米到1公尺長。常使用的是150毫米間尺,價格數百日圓非常便宜,並且剛好能收納進工作服胸口的口袋中,所以時常能看見技術員或現場作業員每個人都攜帶一把。

「曲尺」的外觀是90°的L型直尺。直尺及曲尺的刻度皆為「0.5mm」（圖5.20）。

圖5.20　直尺及曲尺

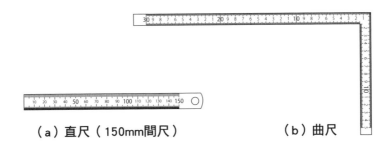

（a）直尺（150mm間尺）　　　　　　（b）曲尺

游標尺的測量項目

比直尺能更正確測量的是「游標尺」。非電子式的最小刻度為0.05mm，電子式則為0.01mm。測量範圍很廣，一般都是0至200mm規格，而長尺市面上有販售1公尺規格。

一把游標尺就能測量「外徑」、「內徑」、「深度」，是很萬能的測量儀器〔數千日圓起〕（圖5.21）。

圖5.21　游標尺的測量項目

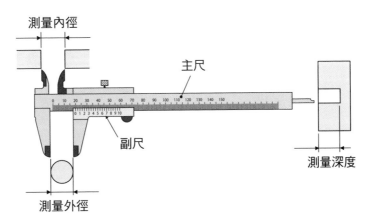

游標尺刻度的讀法

非電子式的游標尺由主尺及副尺組成（**圖5.22**）。主尺1小格為1mm，副尺則為0.05mm。那麼就來介紹刻度的讀取法。

（1）讀取主尺的刻度

讀取副尺「0」刻度落在主尺上的刻度。**圖5.22**中，副尺「0」刻度落在13mm和14mm之間，所以讀取較小的「13mm」。

（2）讀取副尺的刻度

接著，尋找主尺刻度與副尺刻度重疊的線，即為副尺的刻度。同圖中，主尺和副尺的線在「3.5」重疊，將這個數字除以10，讀取為「0.35mm」。

（3）上述（1）及（2）的數值相加即為測量值

上述的13mm及0.35mm相加，算出測量值為「13.35mm」。

圖5.22　游標尺的讀法

①主尺的刻度為「13mm」

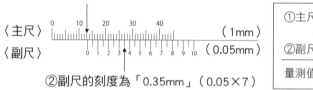

②副尺的刻度為「0.35mm」（0.05×7）

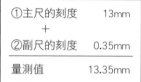

①主尺的刻度	13mm
＋	
②副尺的刻度	0.35mm
量測值	13.35mm

測微器

要測量比游標尺更精確的數字，就得使用「測微器」（**圖5.23**）。一般非電子式的最小刻度為0.01mm，電子式則為0.001mm。測量精度很高，但相對地測量範圍狹窄，標準是25mm。測量範圍為0至100mm時，需要0至25mm用、25至50mm用、50至75mm用、75至100mm用4種測微器。

測量外徑尺寸類型的測微器是主流，但也有測量內徑及深度的測微器〔數千日圓起〕。

圖 5.23　測微器

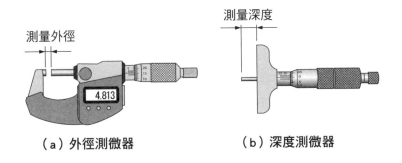

測量外徑

測量深度

4.813

（a）外徑測微器　　　　　（b）深度測微器

高度規

　　「高度規」是測量高度的儀器。目標工件及高度規放置平板上，讓測量頭的劃刀上下移動來測量（**圖 5.24**）。非電子式的最小刻度為 0.02mm 或 0.05mm，電子式則為 0.01mm。一般規格可測量的最大高度為 300mm。

　　高度規也可當做劃線的工具。劃刀前端為超硬合金，呈銳利的形狀。在必要的高度固定劃刀，讓目標工件在平板上滑動，就能在其上方劃線。

　　劃線時在劃刀前端會附著金屬粉末，所以量測用及工具用必須分開使用，這點很重要〔1 萬日圓起〕。

圖 5.24　高度規

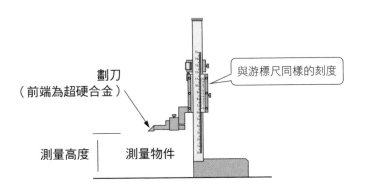

劃刀
（前端為超硬合金）

與游標尺同樣的刻度

測量高度　　測量物件

三次元量床

「三次元量床」是可以自動測量的儀器（圖5.25）。不僅可以測量前後、左右、上下三次元的尺寸，也適用於測量平面度、直角度等幾何公差。

測量方式有以測量頭探針接觸目標工件，及使用雷射光非接觸的方式。雖說是自動的，但測量速度不一定會比手動來得快，而是在追求測量精度的準確性時效果非常好。

圖5.25　三次元量床

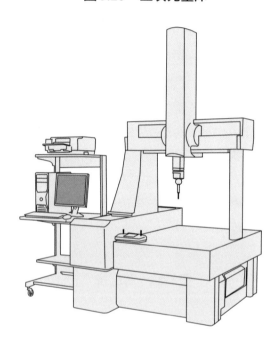

5.7 間接測量的測量儀器

針盤指示器與槓桿式量錶

「針盤指示器」與「槓桿式量錶」是用來測量位移量,而不是測量目標工件尺寸的儀器(圖5.26)。

用於工具機的原點設定或機械零件的位置調整。測量頭接觸到目標工件時,指針與接觸產生的位移量成正比移動,所以可以讀取刻度。1格刻度有各種大小,為0.001mm、0.002mm、0.005mm或0.01mm〔數千日圓起〕。

針盤指示器的測量頭沿直線方向運動,而槓桿式量錶則為沿旋轉方向運動。槓桿式量錶簡稱「槓桿錶」。這些測量儀器固定在磁性座(第3章圖3.17)上使用。

圖5.26　針盤指示器與槓桿式量錶

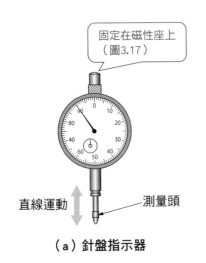

固定在磁性座上
(圖3.17)

直線運動　　測量頭

（a）針盤指示器

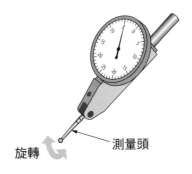

旋轉　　測量頭

（b）槓桿式量錶

塞規

　　「塞規」呈銷狀，用鋼鐵材、超硬合金、陶瓷等耐久性較高的材料製成（圖5.27(a)）。用於測量孔徑、工具機機芯偏移，或是測量溝槽寬度等。

　　市面上販售的塞規亦有直徑以0.001mm（1μm）為單位的高精度規格供選擇〔1千日圓起／根〕。

栓規

　　檢查如孔徑公差H7這種高精度的孔尺寸時，用測微器測量時 求精確必須專注，因此需要許多時間。若是檢查用，只要驗證是否落在設計圖指示的公差內即可，所以使用「栓規」就能大幅提升檢查效率（圖5.27(b)）。

　　栓規兩端皆以高精度直徑尺寸製成，「通端」用來檢查孔徑是否過小，「止端」則用來檢查孔徑是否過大。也就是說，插入栓規時，「通端」穿過孔而「止端」沒有穿過，就是合格了。

　　相反地，「通端」無法進入或是「止端」穿過時就不合格，所以此時需用測微器來測量尺寸將其數值化〔數千日圓起〕。

圖5.27　塞規與栓規

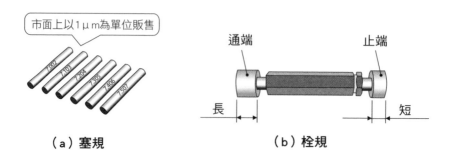

（a）塞規　　　　　　　（b）栓規

間隙規

「間隙規」是由不同厚度的薄板所組成的器具,又稱為「厚薄規」,組成片數有許多種。以一組9片為例,由0.03／0.04／0.05／0.06／0.07／0.08／0.10／0.15／0.20(mm)組成。

表面刻印著厚度尺寸,將間隙規插進想測量的間隙中使用。將數片重疊起來可擴大測量範圍。例如想要測量0.11m時,將0.05mm和0.06mm 2片重疊使用。大小非常精巧可以收納近口袋裡〔1千日圓起〕(**圖5.28**)。

圖5.28　間隙規

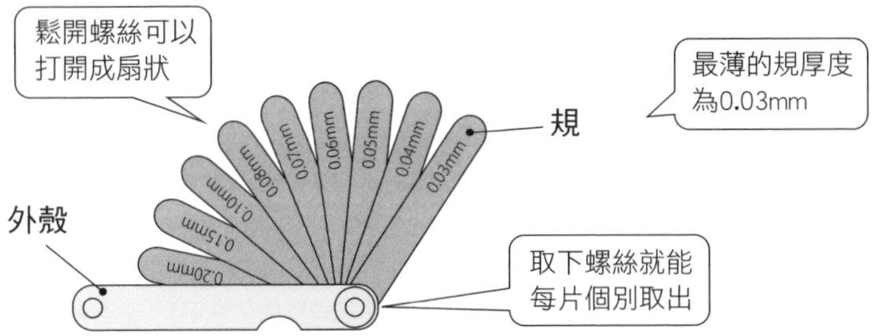

塊規

塊規是測量儀器中精度最好,用來當做尺寸測量的標準。外形尺寸為35mm(或30mm)× 9mm,公稱尺寸則備齊1至100mm(**圖5.29(a)**)。

不僅尺寸精度精確,表面是用研磨加工,平面度及平行度都是超高精度。材料方面使用耐磨性高的合金工具鋼、超硬合金、熱膨脹係數較小的陶瓷等。

完成時的尺寸精度按JIS規格可訂定成4個等級,以精度最高的K級為基準,0級和1級用於各測量儀器的校正,1級和2級用於檢查〔數萬日圓起〕。

塊規會出現「結合」這種不可思議的現象。「結合」是指兩個光滑面相接觸旋轉成90°,就能完全地密合,無法輕易分開的現象(同圖(b))。

不管用手拉還是用全力甩都無法分開，但只要慢慢地將90°旋轉回到原來的位置，就能輕易地分開。請一定要實際嘗試一次。

圖5.29　塊規與結合

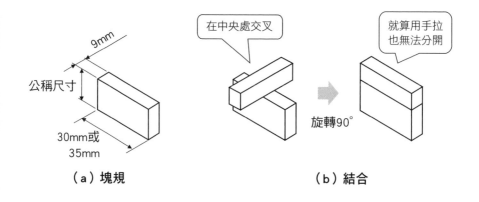

在中央處交叉

就算用手拉也無法分開

9mm

公稱尺寸

30mm或
35mm

旋轉90°

（a）塊規　　　　　　　　　　　　（b）結合

感壓紙

要確認面與面之間的密合度時會使用「感壓紙」。想要量測的面與面之間，夾著這張感熱紙，按壓後受力的地方會變成紅色。感壓紙中含有紅色墨水的微型膠囊，受力就會破裂變色。

若感壓紙整體變成淡紅色，代表面之間非常密合。雖然無法把密合度數值化，但可做高規格的密合度檢查。屬於消耗品〔2千日圓起／A4尺寸〕。

5.8 其他的測量儀器

V型枕

在第2章也介紹過的「V型枕」，不僅是角度，平行度與直角度也以高精度製成（**圖5.30**）。為了能靠兩端支撐很長的工件，一般以2個為一組來販售〔數千日圓起／2個〕。

圖5.30　V型枕精度的範例

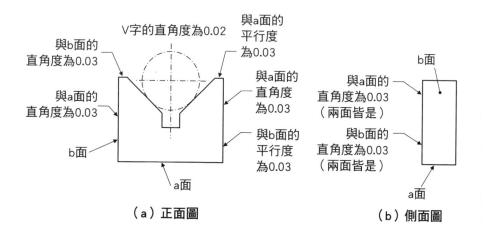

V字的直角度為0.02

與b面的直角度為0.03

與a面的平行度為0.03

與a面的直角度為0.03

與a面的直角度為0.03

與b面的平行度為0.03

b面

a面

與a面的直角度為0.03（兩面皆是）

與b面的直角度為0.03（兩面皆是）

b面

a面

（a）正面圖　　　　　　　　　　　（b）側面圖

角尺

「角尺」用來確認直角，或是在直角劃線時使用。數種角尺當中，這裡要介紹的是常見的「完全角尺」（**圖5.31**）。

與剛剛講解有直角的曲尺不同的點是，曲尺由1片板子製成，而角尺則是用有厚度的零件夾住長尺（直尺）的雙層結構。

圖 5.31　完全角尺

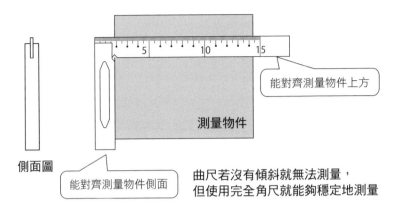

能對齊測量物件上方

測量物件

側面圖

能對齊測量物件側面

曲尺若沒有傾斜就無法測量，
但使用完全角尺就能夠穩定地測量

　　剛度較高很難變形，所以能夠比曲尺更精確地測量。將有厚度的地方對齊測量處，就能提升測量的作業效率〔數千日圓起〕。

角鐵

　　L型或四面型等有直角的治具就是「角鐵」。因為有重量，所以與角尺不同可以自行站立。有金屬鑄件製與熔接製，為了提升鋼度也有加入肋材的類型。直角度每100mm為0.02mm或0.05mm〔1萬日圓起〕（圖5.32）。

圖 5.32　角鐵

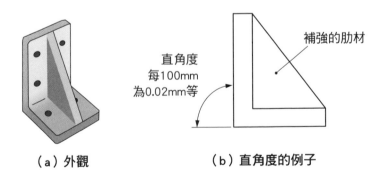

補強的肋材

直角度
每100mm
為0.02mm等

（a）外觀　　　　　（b）直角度的例子

平行板

在第3章也介紹過的「平行板」，想要確認平行或直角時很方便（圖3.15(c)）。每100mm平行度為0.002mm、直角度為0.01mm的高精度規格，市面上也有販售。與其重新設計製作，市售品的性價比較高〔數千日圓起／2個〕。

水平儀

用來測量目標工件水平狀態的測量儀器為「水平儀」。有電子式與非電子式，最常使用的是用氣泡管的非電子式。構造為將氣泡封入液體內。

將水平儀放在測量物件上方時，若為水平氣泡會落在氣泡管中心，但若稍微傾斜氣泡就會遠離中心，非常簡單就能確認水平狀態〔數千日圓起〕（圖5.33）。

圖5.33　水平儀

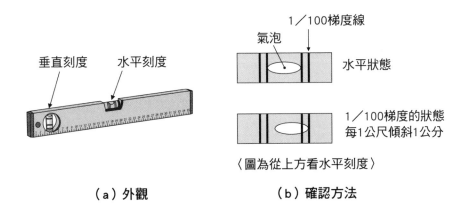

（a）外觀　　　　　　　（b）確認方法

專欄 透過模擬方式來思考點子

治具設計的流程為①從現場尋找課題、②闡明原因、③思考用治具解決課題的具體方法。這邊介紹的是③思考點子的訣竅。

最重要的是盡可能多獲取既有的知識與資訊，這是因為點子就是知識與資訊的「排列組合」。所謂的「排列組合」就是加加看、減減看、乘乘看這種單純的作業。正因為這樣，必須得先獲取知識與資訊。什麼都沒有的地方是不會突然就冒出點子的。

除了可以從書籍或技術雜誌獲取知識與資訊外，前往展覽會或是參觀工廠也是很有效的方法。日本最近市面上販售著許多別出心裁的治具，所以特別推薦去逛展場。因為若不知道有什麼治具存在，也就沒辦法使用。

請一定要透過模擬方式來組合知識與資訊。關鍵在於把想到的內容「用手畫在紙上」。不推薦突然就坐在電腦前用CAD開始畫線。「構想」是最重要的，粗糙的構圖也沒關係，嘗試多畫一些。透過動手畫，可以再浮現出新的點子。

如果思考堵住的話，暫時替換先做其他工作也是一種方法。這段期間並不是浪費，把它當做是點子在腦中成長的時期吧。然後，想法一變又能再次開始思考。像這樣自己能夠接受的點子慢慢成形後，才坐到電腦前用CAD一口氣畫出設計圖。「點子靠模擬」、「做圖靠電子」乃是基本。

第 **6** 章

作業方式及
製程

6.1 有效率的作業流程及作業環境

治具作業的必要條件

　　使用治具的作業方式及交換零件的流程安排是否順暢，會大大地影響生產效率。本章將介紹「如何有效率地進行」這些作業。在該觀點中，「有效率的作業流程」、「最合適的作業環境」、「效率好的治具構造」、「預防失誤的防呆措施」為必要的條件（圖6.1）。

圖6.1　治具作業的必要條件

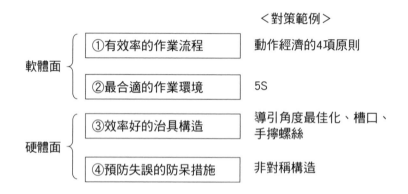

＜對策範例＞

軟體面
- ①有效率的作業流程　　動作經濟的4項原則
- ②最合適的作業環境　　5S

硬體面
- ③效率好的治具構造　　導引角度最佳化、槽口、手擰螺絲
- ④預防失誤的防呆措施　　非對稱構造

作業流程的標準化

　　製造現場的使命即在第1章介紹過的QCD。按設計圖製作的「品質」、盡可能以最低成本製作的「成本」、用最快地速度製作的「交期」這3項。但是，即使是很簡單的操作，只要交給作業員處理就會出現預期外的個人差異。手工製作與機械不同有所差異在所難免，但還是想盡可能減少差異。為此，其中一種對策就是**將有效率的作業流程「標準化」**。

運用動作經濟的4項原則

那麼怎樣做才是有效率的作業流程呢？這邊有效的視角是「動作經濟的4項原則」（圖6.2）。這項原則的目的是消除不必要的動作。具體對策為「縮短距離」、「同時使用雙手」、「減少動作次數」、「保持輕鬆」這4項。將這4項當做關鍵字，思考最合適的作業流程。若同時出現難分高下的良好對策時，實際在現場試試看會是最有效的方式。

接著來向各位介紹4項原則：

圖6.2　動作經濟的4項原則

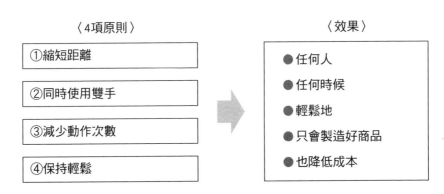

〈4項原則〉

①縮短距離

②同時使用雙手

③減少動作次數

④保持輕鬆

〈效果〉

● 任何人
● 任何時候
● 輕鬆地
● 只會製造好商品
● 也降低成本

縮短距離

移動物件時，盡可能縮短該距離。因為不管移動多少距離，它的價值都不會提升。

例如，要將凸型零件組裝進凹型表面的作業。裝有這2種零件的箱子盡可能放置在靠近作業員的地方。比如從多層收納架中的箱子取出零件時，常用的箱子放置低層，高層放使用頻率較少的箱子，這樣效果比較好。

同理，放置工具或治具的地方也盡可能靠近工作台，縮短距離就能減少不必要的搬運。

同時使用雙手

前面所提的凹凸零件的組裝若讓作業員自由操作，可能會出現單手取零件，單手組裝的案例。另一隻手空閒著真的很浪費，因此需要同時使用雙手作業。人的身體是對稱的，所以理想上雙手的動作及箱子放置處也呈對稱會比較好。

減少動作次數

例如，再重新抓一次已經抓住的物件，這是沒有必要的動作。一旦抓住了，在作業結束以前不鬆開是不變的準則。

動作中即使是小地方也能成為改善點。太亮了所以「瞇眼」、太吵了所以「分心」、處理邊角作業怕切到手所以「特別注意」，這些小動作都是可以改善的地方。努力消除這些無法創造價值的動作，會給QCD整體帶來很好的效果。

保持輕鬆

能輕鬆地作業，自然而然地就會出現節奏。有了節奏，就會順暢，也能減少失誤。隨後成本能夠降低，工作疲勞也能抑制到最小。

能輕鬆地作業，帶來的盡是好事。

彙整進標準作業書

討論後決定的作業流程寫成工讀生、派遣員工也能理解的文章，彙整進標準作業書裡。格式雖然隨各自喜好即可，但坊間已被使用的版本也值得參考。在網路上搜尋「標準作業書」，可以找到許多的格式。

另一方面，流程說明愈詳細文章就會愈長，這時就會出現難讀懂、難理解等問題。因此，使用能客觀掌握資訊的插圖及動畫也是一種有效的方式。

教育及訓練

完成標準作業書後，將這些內容傳達給作業員。此時，最重要的事是「教育」及「訓練」。**所謂教育是指，告訴人們原本不知道的事。而訓練是指，指導人們到實際能夠做到。**

首先，向作業員解說標準作業書的流程，然後請他們看實際的動作。這就是教育。接著，請作業員本人做做看。一開始因為不習慣所以很費力，但即使花時間也沒關係，要徹底地讓他們按照流程作業。這就是訓練。持續一段時間後就會熟練，速度也自然而然地會加快。

改善現場的作業

按照標準作業書作業時，也要請作業員提出能夠更輕鬆作業的改善方案。提出的方案要立刻試試看，結果若是好的，就要修改標準作業書，並且全面同步共享給全部的作業員（圖6.3）。

若沒有出現效果，只要恢復原樣即可。馬上去實踐是非常有效的。

圖6.3　標準作業及改善作業的流程

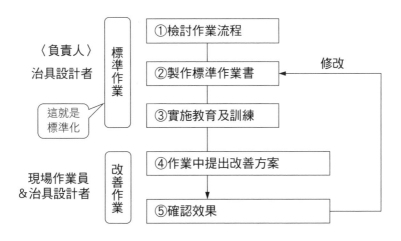

整理、整頓、清掃的重要性

　　不分行業，在許多的現場都能看見「徹底執行5S」、「推進3S」的貼紙。因為這是現場的基本。「整理」、「整頓」、「清掃」、「清潔」、「教養」日文發音開頭都是S，有5個所以稱為「5S」（圖6.4）。其中前面3個最為重要，所以又稱為「3S」。**藉此來打造最合適的作業環境。**

　　「整理」是區分要和不要的東西，把不要的東西丟掉或賣掉。整理完成後，剩下的就是必要的東西了。

　　接著是「整頓」，首先決定最好使用的地方來放東西。藉由幫目標工件與放置場所雙方編號，不管是誰在何時何地使用後，都必須能放回原來的位置。若沒有先編號，放置場所馬上就會改變，進而出現找東西這種不必要的動作。

　　第3點是「清掃」，就是字面上的意思。現場充滿塵埃、灰塵，而為了變免這些附著在產品、材料、治具上，就需要打掃。不僅維持品質，還要養成珍惜東西的習慣。

圖6.4　5S的意義

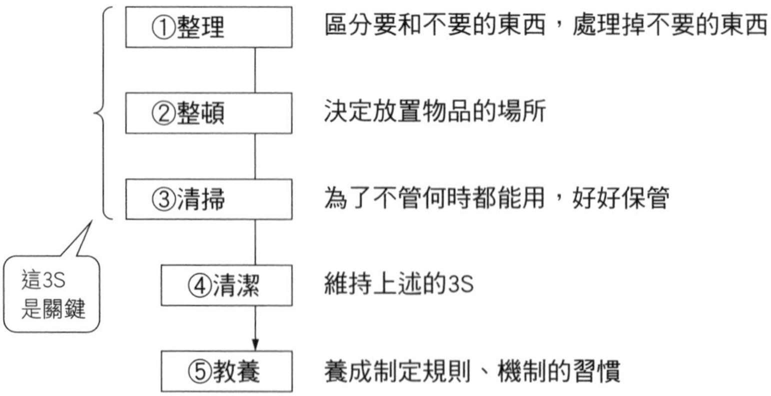

①整理	區分要和不要的東西，處理掉不要的東西
②整頓	決定放置物品的場所
③清掃	為了不管何時都能用，好好保管
④清潔	維持上述的3S
⑤教養	養成制定規則、機制的習慣

（這3S是關鍵）

整理的訣竅

5S中最難的就是最一開始的「整理」，因為判斷要和不要時猶豫的情形不少。猶豫了，最後就會把它留下來。此外，數個人一起整理時，就算大多數的人判斷為不需要，只要有1個人覺得是必要的，結果通常也是留下來。**造成這樣的原因是，沒有明確區分必需品和非必需品的定義。**

為此，向各位介紹可以全場一致的判斷基準。判斷是否為非必需品，用過去及未來兩個時間軸當做基準。過去是指「這1年內1次也沒用過」，未來是指「接下來3個月內沒有預計要使用」，同時符合這2項條件就判定成非必需品。藉此在判斷時就不會猶豫了。

此外，判定為非必需品中也包含在財務上被分類為「資產」的物品。現場作業員可以分類非必需品，但沒有處分資產的權限，所以處分需由管理階層負責（圖6.5）。

圖6.5　整理的關鍵

①決定非必需品的「判斷基準」

例如：
「這1年內1次也沒用過」且
「接下來3個月內沒有預計要使用」，即為非必需品。

②報廢由管理階層負責

作業員可以分類非必需品，但沒有報廢的權限，
所以必須由工廠廠長或製造部主任來負責報廢。

6.2 方便作業的治具構造與預防失誤的防呆措施

引導的錐體角度為 15°

接著，用硬體面的應用例子來介紹方便作業的治具構造。凹型零件內嵌入凸形零件，或軸插入孔內時，會在入口處附上引導用的錐體。這個錐體角度會直接影響作業的方便程度。首先 45°，也就是倒 C 角，是沒什麼意義的。45° 的話，角度太傾斜，所以沒辦法直接推壓進去，必須先朝中心方向調整才能推壓，動作會變成兩段式。

理想的錐體角度為 15°（圖 6.6 (a)）。角度較平緩，所以就算接觸到錐體還是能推壓進去，且一次動作就能完成。但是，角度愈平緩，直線部分的長度就愈短，所以 15° 很困難時可改為 30°。

引導用的角度，「15° 最好，30° 次之」就是設計的訣竅。

圖 6.6 方便作業的治具構造範例

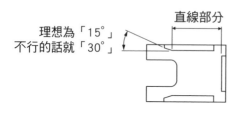

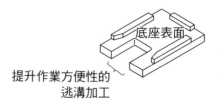

（a）引導用的錐體角度　　　　　　　　　（b）逃溝加工

逃溝加工

定位棧板時，為了防止手指干擾底座表面，推薦使用逃溝加工（圖6.6（b））。一般來說插入棧板時，在棧板下方的手指會干擾底座表面，所以把棧板前端放在底座表面上後，還需用手再推壓一次。也就是說，需要2個動作。此時，若有「冂」字形狀的逃溝加工，就能抓住棧板直接插入，只要1個動作就能完成。

它帶來的效果為一次節省1至2秒，雖然減少的時間很短，但在現場這項作業需重複數百次、數千次。能夠輕鬆地作業是提高生產力的必要條件。

其他方便作業的改善方式

在別章已經介紹過方便作業的改善項目，也列舉在這裡當做備忘錄。此外，在這章的最後會介紹透過螺絲改善作業的方式。

- 使用細牙螺絲或測微頭的調整方式（第2章 圖2.20）。
- 使用長度較短的銷、製造高度差（第2章 圖2.27、2.28）。
- 使用定位珠來推壓（第3章 圖3.14）。
- 是否容易卸除（第3章 圖3.26）。

以人一定會失誤為前提

不管人多麼有責任感或多有幹勁，都必須以**「人一定會失誤」做為作業設計的前提**。因為不這麼做的話，就會認為只要多注意就好，對策也會淪為空談。

為此，防止粗心的對策在軟體面上如前面說明，有「有效率的作業流程」及「用5S打造最合適的作業環境」；硬體面上則是「防呆措施」。**防呆措施為防止操作失誤的「機制」**，又稱「錯誤校對（fool-proofing）」，目標是廢除所有的粗心失誤。身邊有不少導入這種防呆措施的例子：

- 沒蓋上洗衣蓋就不會運轉的洗衣機。
- 方向錯誤就無法插入的USB。
- 忘了繫安全帶就會發出警告音的汽車。

非對稱為防呆措施的基礎

治具設計中，在設置定位的目標工件時，避免搞錯方向或正反面的防呆措施是非常有效的（圖6.7）。此時的訣竅在於設計成「非對稱」。因為若是對稱，就算搞錯方向也能設置完成。

圖6.7 防呆措施的例子

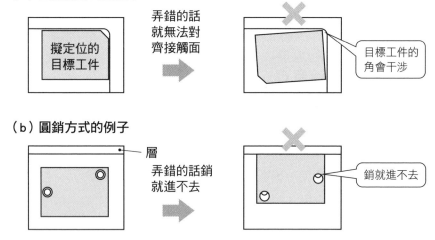

失效安全

雖然與治具並無直接關係，但與「人會失誤」這點相同，「機械會出問題」是機械設計的前提。「失效安全（fail safe）」是出現操作錯誤或未能正確運轉時也能安全運作的設計，身邊的家電也都有導入這種機制：

● 傾倒就會自動熄火的煤油暖爐。
● 過熱時就會切斷保險絲的吹風機。
● 發生地震時會緊急停駛的列車。

6.3 改善製程

線外製程與線上製程

製程是指更換零件種類的切換作業。製程是否能「簡單且在短時間內」進行最為重要。又分為線外製程與線上製程：

● 線外製程是指不用停止目前零件生產，生產的同時進行其他零件的製程。

● 線上製程是指停止目前零件生產，切換成其他零件的製程。

製程改善的優先順序

製程的改善應以**「線上製程的線外製程化」為優先**，接著是「縮短線上製程時間」及「縮短線外製程時間」（圖6.8）。

若停止生產，停止期間的時間也會浪費，導致生產量減少。因此，應盡可能努力準備不用停止生產。最理想是全部都是線外製程，但實際上還是會出現一些線上製程的作業。

推進線外製程化後，下一步要努力改善使線外製程及線上製程能夠簡單地進行。

圖6.8　線外製程與線上製程

優先順序	製程改善	對應範例
1	「線上製程」的「線外製程」化	事前準備
2	「線上製程」的時間縮短 「線外製程」的時間縮短	動作經濟的4項原則等

線外製程

　　線上製程的線外製程化對於工具機及設備特別有效果。在運轉的期間，準備好下一批要使用的零件。例如，交換許多零件需要花費很多時間時，可以先準備2塊裝置板，機械在運轉時就在線外先準備好下一批的零件。只要在線上交換裝置板，就能大幅地減少停止機械運轉時所浪費的時間。

　　另一方面，由作業員自己進行組裝、調整時，很難同時進行作業及準備。即使如此還是要隨時意識線外製程，當手空閒下來時，能先準備下一步效果會非常好。此外，負責搬運材料的負責人若能把材料及接著要使用的治具一起送來，作業的效率會上升。

線上製程

　　要對應多種零件時，會需要時常更換零件與調整位置。因此，如何讓這些作業能更加容易地來進行就是關鍵。

　　交換零件用第2章介紹過的間隔柱方式會很有效，配合各種零件來更換間隔柱。為了避免用錯間隔柱，可以清楚標示產品編號，或是一眼就能辨識的塗色。此外，透過前面介紹過的防呆措施也能防止插入失誤。

螺絲是改善的著手點

　　裝卸交換零件的間隔柱所使用的螺絲，有許多可改善的地方。介紹其中的一些例子：

（1）使用不需要工具的手轉螺絲或蝶型螺絲

　　由於能夠不花費時間準備工具、也無需使用工具，進而大幅地提升作業的方便性。

（2）螺絲孔做成槽口

一般螺絲固定使用「切孔（圓孔）」較好，但需要卸除時使用「槽口」更方便。以下來比較卸除用M5螺絲固定的間隔柱時的作業（圖6.9）。

M5螺絲的插入深度最少要5mm，螺距為0.8mm，所以必須要旋轉6次以上。若為槽口，只要旋轉半圈就能卸除，並且螺絲還是插入的狀態，所以也沒有弄丟的風險。

間隔柱為鋁材等較軟的材料時，為了防止刮傷會使用普通墊圈。但這麼一來，卸除間隔柱時普通墊圈就會脫落，所以會在墊圈下方放置壓縮彈簧以防止墜落。

圖6.9　槽口

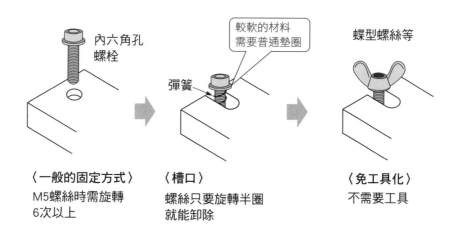

〈一般的固定方式〉
M5螺絲時需旋轉
6次以上

〈槽口〉
螺絲只要旋轉半圈
就能卸除

〈免工具化〉
不需要工具

（3）減少螺絲的數量

用螺絲固定時一般會使用4根螺絲，但若沒作用力時，用2根螺絲就足夠了。不僅能減少一半購買螺絲的費用，預估螺絲加工的工時、螺絲裝卸次數也能有減半的效果。

（4）裝卸擋片用葫蘆孔

為確保安全，以及防止粉塵、油飛濺，使用擋片效果很好。偶爾需要卸除擋片時，其固定孔不要用圓孔，用「葫蘆孔」會更方便。

葫蘆孔是由一大一小的孔組成的雙孔，形狀很像葫蘆。大孔的孔徑會比固定用螺絲的螺絲頭外徑還大，小孔的孔徑則是配合螺絲直徑的大小（圖6.10）。

使用方式為先稍微鎖緊螺絲，將葫蘆孔的大孔穿過螺絲，調整擋片螺絲就會嵌入小孔，再鎖緊螺絲即可。

葫蘆孔的優點為只需要轉鬆螺絲半圈就能卸除，並且沒有弄丟螺絲的風險。此外，就算是面積很大的擋片，1個人也能輕鬆地卸除。

圖6.10　葫蘆孔的使用方式

（a）葫蘆孔形狀

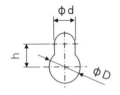

葫蘆孔尺寸基準 　　　　　（單位mm）

	M3	M4	M5	M6
φd	4	5	6	7
φD	10	12	14	16
h	8	10	11	12

（（b）葫蘆孔的使用範例

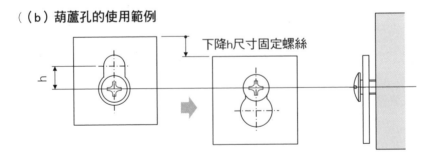

下降h尺寸固定螺絲

第 7 章

設計的訣竅

7.1 設計堅固治具的訣竅

抵抗變形的程度

　　追求堅固的設計時，理想上就是不管承受多大外力，它所造成的變形量皆為0，但是任何材料受力後多少都會產生變形。

　　抵抗變形的程度稱做「剛度」，撓曲剛度取決於「材料種類」和「斷面形狀」。前者材料抵抗彎曲變形的程度稱為「楊氏係數」，後者斷面形狀抵抗彎曲變形的程度稱為「斷面二次矩」，其公式如下（圖7.1）：

圖7.1　抗彎程度

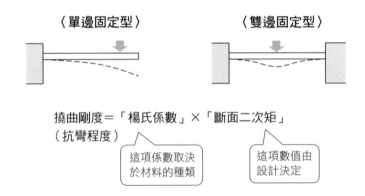

〈單邊固定型〉　　　　　〈雙邊固定型〉

撓曲剛度＝「楊氏係數」×「斷面二次矩」
（抗彎程度）

這項係數取決於材料的種類

這項數值由設計決定

不同材料抵抗變形的程度

　　材料的楊氏性係數愈大，就愈難變形。這項係數由鋼鐵材、鋁材、銅材這3大分類決定。也就是說，不管是SS400、S45C這種經濟的碳鋼，還是不鏽鋼、鉻鉬鋼（SCM材）這種高價的合金鋼，其楊氏係數皆相同。鋼鐵材的楊氏係數為「206×10^3N／mm^2」，鋁材則為「71×10^3N／mm^2」，所以施加同等大的外力時，鋁材的變形量約為鋼鐵材的3倍大。

不同斷面形狀抵抗變形的程度

　　斷面形狀也能控制變形的程度。例如文具店的墊板受到來自上方的外力時，若墊板是橫向很容易就變形，但若是縱向則靜止不動。這是因為斷面形狀不同的緣故，可以用斷面二次矩來表示。

　　寬度為b，厚度為h的矩形之斷面二次矩為「$bh^3 / 12$」。這項數值愈大，就代表它是難以變形的形狀。

　　假設墊板的尺寸寬度為100mm、厚度為1mm，代入公式$bh^3 / 12$，橫向的斷面二次矩為$100mm \times (1mm)^3 / 12 \fallingdotseq 8.3mm^4$，而縱向的的斷面二次矩為$1mm \times (100mm)^3 / 12 \fallingdotseq 83.333mm^4$，比例約是1：10000。

　　也就是說，就算使用相同材料、相同尺寸，只改變方向，它的變形量就能減少成1萬分之一（如**圖7.2**）。

圖7.2　彎曲變形量的差異

方向	橫向	縱向
	容易彎曲變形 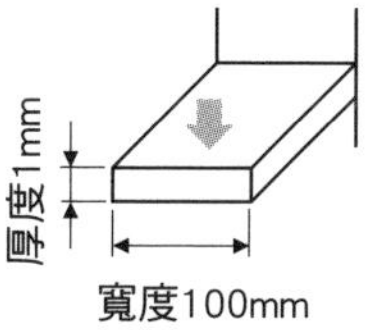	不容易彎曲變形 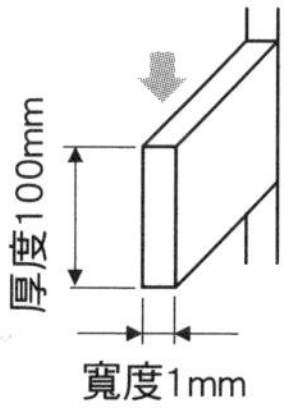
	厚度1mm　寬度100mm	厚度100mm　寬度1mm
矩形的斷面二次矩	$\dfrac{100 \times 1^3}{12} mm^4$	$\dfrac{1 \times 100^3}{12} mm^4$

$$\frac{寬度b \cdot 厚度h^3}{12}$$

變形量為橫向的1萬分之一

像這樣使用斷面二次矩，就能輕鬆地提升強度。「$bh^3 ／ 12$」的矩形中，寬度變2倍時其變形量為二分之一，但厚度變2倍時，2的3次方為8倍，所以變形量為八分之一（圖7.3）。也就是說，同樣變成2倍時，厚度變成2倍的效果比較好。如上所述，**要減少變形時，在斷面形狀上多下點功夫，比花時間選擇材料能帶來更大的效果。**

圖　7.3　不同形狀的斷面二次矩

斷面形狀	斷面二次矩	斷面形狀	斷面二次矩
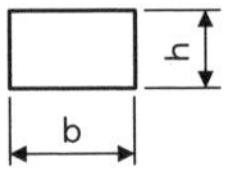 h, b	$\dfrac{bh^3}{12}$	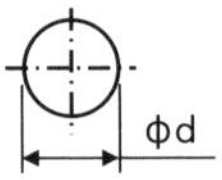 ϕd	$\dfrac{\pi}{64} d^4$
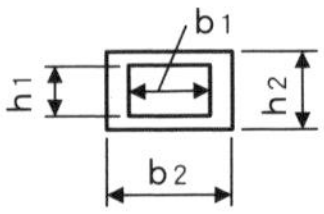 h_1, h_2, b_1, b_2	$\dfrac{1}{12}\left(b_2 h_2{}^3 - b_1 h_1{}^3\right)$	 內徑 ϕd_1　外徑 ϕd_2	$\dfrac{\pi}{64}\left(d_2{}^4 - b_1{}^4\right)$

何謂降伏點及抗拉強度

看材料的特性表會發現，除了前面介紹過的楊氏係數，同時還會記載「降伏點」及「抗拉強度」。雖然在治具設計中很少使用這項指標，但是屬於材料的基礎知識，所以當做參考稍微介紹一下（圖7.4）。

對材料施力時會產生變形，作用力較小時，只要移除作用力就能恢復原狀。這稱為「彈性變形」。若施加比這更大的作用力，即使移除作用力也無法恢復原狀，變形會殘留。這稱為「塑性變形」。再施加更龐大的作用力時，材料就會「破裂」。也就是說，隨著施加的作用力，材料會依照「彈性變形→塑性變形→破裂」的順序變化。彈性變形上限的作用力大小就是「降伏點」，而造成破壞的作用力大小就是「抗拉強度」。治具零件或機械零件都是在彈性變形內，也就是說是以在降伏點以下的強度使用為前提。

圖7.4　彈性變形、塑性變形、破裂

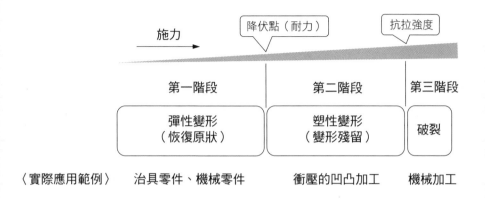

主要材料的特性用圖7.5來介紹。例如鋼鐵材SS400這種通用材料，其降伏點為 245 N／mm²。牛頓N除以9.8即可換算成kgf，如「245 N／mm² = 25 kgf／mm²」。1平方毫米可能難以想像，所以換算成1平方公分，「25 kgf／mm² = 2500 kgf／cm²」。也就是說，每 1cm² 作用力在 2500 kgf以內就能在彈性變形範圍內使用。正確來說應該要預估安全率，但一般使用上不會施加如此龐大的作用力，所以並不需要檢測降伏點。

圖7.5　主要材料的強度特性

分類	品種牌號	剛度（抵抗變形的程度）	強度（能夠承受的作用力大小）	
		楊氏係數 ×10³N／mm²	降伏點（耐力） N／mm²	抗拉強度 N／mm²
鋼鐵材	SS400	206	245	400
鋁材合金	A5052	71	215	260
銅合金（黃銅）	C2600	103	—	355

彈性變形的極限值　　破裂時的作用力大小

7.2 材料的重量及熱所帶來的影響

表示重量的密度

　　質量除以體積就是密度。1立方公分的水重量為1公克，所以密度表示為1g／cm³。在追求輕量化時，選擇密度較小的材料。鋼鐵材為7.87 g／cm³，鋁材為2.70g／cm³，因此在相同大小的狀況下，鋁材的重量為鋼鐵材的3分之1。這項數據記起來會很方便。

熱膨脹

　　任何材料加熱後都會膨脹。鐵路的軌道、橋梁接合處的伸縮縫就是為了吸收炎熱夏日引起的加熱膨脹。生產現場冬天的溫差會超過20℃，因此要求高尺寸精度，就必須考慮熱膨脹所帶來的影響。

　　熱膨脹的程度由材料決定，以「線膨脹係數」來表示。這項係數愈大代表該材料就愈容易伸縮變形。

　　伸縮量為「線膨脹係數」乘以「原本的長度」和「上升的溫度」，可以很輕易地計算出來（如**圖7.6**）。

　　伸縮量＝線膨脹係數×原本的長度×上升的溫度

　　例如長200mm的鋼鐵材，溫度上升10℃，鋼鐵材的線膨脹係數為11.8× 10^{-6}／℃，其計算式如下：

　　伸縮量＝11.8×10^{-6}／℃ ×200mm×10℃ =0.0236mm

　　此外，鋁材的線膨脹係數為23.5×10^{-6}／℃，鋼鐵材和鋁材的比例約為1：2。也就是說在同樣的條件下，「鋁材的伸縮量為鋼鐵材的2倍」。

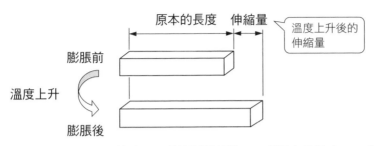

圖7.6　熱膨脹

原本的長度　伸縮量

溫度上升後的伸縮量

膨脹前

溫度上升

膨脹後

伸縮量＝「線膨脹係數」×「原本的長度」×「上升的溫度」

熱傳導的速度

　　熱從高溫向低溫傳遞的現象稱為熱傳導。傳導的速度由材料決定，以「熱傳導率」來表示。這項數值愈大就代表該材料愈容易傳導熱。鋼鐵材的熱傳導率為80W／（m・k），所以可以知道「鋁材比鋼鐵材容易傳導熱，約是其3倍」（**圖7.7**）。想放熱時選擇使用熱傳導率高的材料，想保溫時則使用熱傳導率低的材料。

圖7.7　主要材料的重量及對熱的特性

分類	材料的種類	密度 g／cm³	線膨脹係數 ×10⁻⁶／℃	熱傳導率 W／（m・k）
金屬	鐵	7.87	11.8	80
	鋁	2.70	23.5	237
	銅	8.92	18.3	398
非金屬	聚乙烯	0.96	180	約0.4
	混凝土	2.4	7至13	約1
	玻璃	2.5	9	約1

數值愈大　　　愈重　　　愈容易膨脹　　　愈容易傳導

7.3 配合公差的訣竅

為何配合公差分成2行來表示呢

尺寸公差為「50 ± 0.2」，一般是像這樣用「±」來表示。相對地，配合則是分成2行來表示公差。這裡因為印刷的限制以1行來表示，2行公差會用像「+0.2 ／ +0.1」這樣上限值／下限值的方式表示。

接著，來看看嵌合凹凸零件的例子。假設目標值為50，凹零件的公差為「+0.2 ／ +0.1」，凸零件的公差為「0 ／ -0.2」，以2行來表示，**優點在於能夠瞬間知道嵌合這對凹凸零件時的最大間隙及最小間隙**（圖7.8）。

間隙最大是在凹零件用上限值加工、凸零件用下限值加工時的組合。也就是說，凹零件上限值「+0.2」與凸零件下限值「-0.2」的組合，這之間的差距為0.4。這就是最大間隙。

而間隙最小是在凹零件用下限值加工、凸零件用上限值加工時的組合。也就是說，凹零件下限值「+0.1」與凸零件上限值「0」的組合，這之間的差距為0.1。這就是最小間隙。

圖7.8 配合公差用2行表示的優點

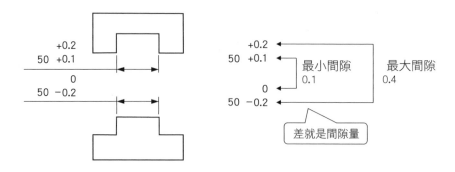

像這樣分2行來表示公差，就能很容易知道間隙量。

另外一項優點是在想要修正間隙量時。這個例子中，想把最大間隙從0.4修正成0.3時，只要將凸零件下限值調高0.1即可，所以把公差從「0／-0.2」修正成「0／-0.1」就能馬上解決。

配合用 ± 表示時的問題點

接著，用「±」來試前面例子中的凹凸零件（**圖7.9**）。凹零件是「50＋0.2／＋0.1」，上限值為50.2，下限值為50.1。中心值為50.15，所以可以表示成「50.15±0.05」。凸零件是「50 0／－0.2」，上限值為50，下限值為49.8。中心值為49.9，所以可以表示成「49.9±0.1」。

組合凹零件「50.15±0.05」及凸零件「49.9±0.1」，要計算最大間隙及最小間隙時，必須要稍微計算。

此外，想要把最大間隙從0.4修正成0.3時，看似只要把凸零件的目標值49.9加上0.1就能解決，雖然這麼一來最大間隙的確是0.3，但是最小間隙卻變成了0。

如上所述，配合要從「±」表示中找出最適合的尺寸並不容易。為此才分2行表示公差。

圖7.9　配合公差以1行表示的問題點

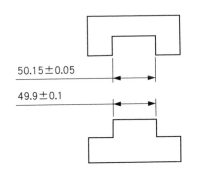

50.15±0.05

49.9±0.1

問題（1）間隙量的計算很耗時間：
　　　　必須先計算出凹凸零件各別的
　　　　最大值及最小值後，再相減。

問題（2）間隙量的修正很麻煩：
　　　　最大間隙從0.4修正成0.3時，不
　　　　僅要同時更改目標值及公差，
　　　　也無法輕鬆得出答案。

7.4 推動標準化的訣竅

標準化的優點

　　標準化的目的是透過事前決定好規則，來提升效率。治具設計的標準化以「材料的種類」、「材料的尺寸」、「表面處理」、「螺絲加工的尺寸」、「配合公差」、「標準尺寸」這6項最有效果（**圖7.10**）。期望透過將這些項目標準化，來縮短設計時間、加工時間，以及提升品質。

　　標準化沒有正確答案，接下來介紹大家檢討過的參考範例。請以這些範例為基礎自行調整為最合適的標準化。

圖7.10　治具設計的標準化範例

①材料的種類	檢索材料	④螺絲加工的尺寸	統一切孔徑或深孔尺寸
②材料的尺寸	設計配合市售的尺寸	⑤配合公差	統一餘隙配合或干涉配合的公差
③表面處理	檢索表面處理	⑥標準尺寸	運用JIS規格的優先數

鋼鐵材的大分類

　　介紹材料的標準化之前，先來看看常用鋼鐵材的分類。鋼鐵材大致上可分為「碳鋼」、「合金鋼」、「鑄鐵」。碳鋼是最廣泛使用的通用材料，如SS400或S45C，優點為「便宜」、「形狀多元」、「尺寸齊全」、「立即取得」。

另一方面，不鏽鋼、鉻鉬鋼等合金鋼是透過在碳鋼中添加鉻、鎳、鉬等，來獲取良好的強度或化學性質。因為價格高昂，所以在無法用碳鋼解決的時候使用。此外，鑄鐵則是用於熔化後塑形鑄物的材料。

含碳量及 JIS 規格的種類

含鐵量100%的純鐵因為太軟無法不適用於實務。因此，透過添加碳來控制其強度。含碳量愈多硬度就愈高。依照含碳量來分類，0至0.02%為「純鐵」，0.02至0.3%為「軟鐵」，0.3至2.1%為「硬鐵」，2.1至6.7%為「鑄鐵」。

針對含碳量，市售碳鋼的JIS規格統整如**圖7.11**。從含碳量少的依序設定，SPC材（SPCC等）為0.1%以下，SK材（SK95等）為0.6至1.5%，用於鑄物的鑄鐵（FC材）為2.1至4%。

接著來介紹碳鋼的代表種類：

圖 7.11　JIS 規格的種類設定

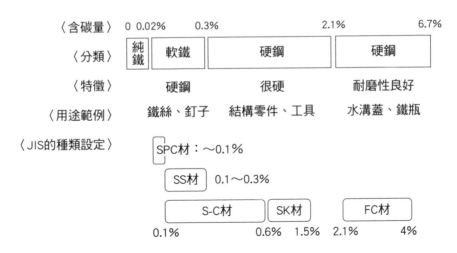

〈含碳量〉　0　0.02%　　　0.3%　　　　　　　　2.1%　　　　　　6.7%

〈分類〉　　純鐵　軟鐵　　　硬鋼　　　　　　硬鋼

〈特徵〉　　　　　硬鋼　　　　很硬　　　　耐磨性良好

〈用途範例〉　　鐵絲、釘子　結構零件、工具　水溝蓋、鐵瓶

〈JIS的種類設定〉

SPC材：～0.1%

SS材　0.1～0.3%

S-C材　　　SK材　　　FC材

0.1%　　　　　0.6%　1.5%　2.1%　　　4%

SPCC（冷軋鋼板）

用於薄板的材料。表面光滑的拋光材，從 1.0mm ／ 1.2mm ／ 1.6mm ／ 2.0mm ／ 2.3mm ／ 3.2mm 中選擇。

適用於安裝外側板或零件的支架上。能以平板的狀態使用，也可彎曲後使用。

SS400（一般結構用鋼板）

是最常使用的鋼鐵材。SS400的400是表示抗拉強度為400 N ／的意思。在JIS規格中是無成分規定的便宜材料，盡可能表面保持原樣使用。因為大幅度地切削或加工時，有出現彎曲的風險。

不過加工產生的彎曲僅是材料不同就有所差異，所以不切削看看也不知道，而這也是讓加工者崩潰的地方。大幅地切削表面時，為了處理加工產生的彎曲會使用退火材料或接著要介紹的S45C。

此外，雖然適用於熔接，但無法進行淬火、回火等熱處理。

S45C（機械結構用碳鋼）

緊接著SS400後最常使用的碳鋼。S45C的45是指含碳量為0.45％的意思。在JIS規格中有規定成分規格，價格比SS400貴1~2成。在S-C材中，最常使用S45C及SS500。可以淬火、回火。

SK95（碳工具鋼）

為含碳量095%的材料。因為含碳量很多，所以很硬又耐磨。

進行淬火、回火可以增加硬度及韌性。適用於接觸零件或會磨損的零件。

鋼鐵材的標準化

來介紹活用鋼鐵材特徵標準化的例子：

①結構零件的材料表面加工較少或進行熔接時，選擇「SS400」。

②結構零件的材料表面加工較多或進行淬火、回火時，選擇「S45C」。

③薄板就選擇「SPCC」。

④需要耐磨時直接使用「SK95」，或將其淬火、回火後使用。

市售碳鋼的形狀及尺寸

前面介紹過的碳鋼有許多種形狀及尺寸（圖7.12）。不過，商家所銷售的種類會根據材料有所不同，所以可向商家諮詢市場流通的資訊。

此時，也需要獲取表面華麗的「拋光材」的尺寸資訊，而不是表面被黑鏽覆蓋的「黑皮板」。透過將設計零件的外型尺寸配合市售尺寸，來減少加工（圖7.13）。

圖7.12　市售品的各種形狀

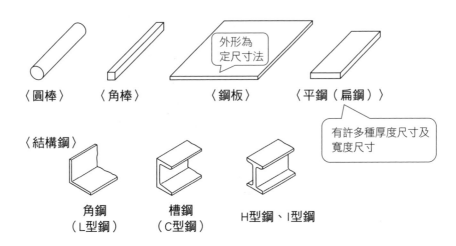

〈圓棒〉　　〈角棒〉　　　　〈鋼板〉　　　〈平鋼（扁鋼）〉

外形為定尺寸法

有許多種厚度尺寸及寬度尺寸

〈結構鋼〉

角鋼
（L型鋼）

槽鋼
（C型鋼）

H型鋼、I型鋼

圖7.13　SS400、S45C平鋼拋光材市售尺寸的範例

（單位mm）

厚度＼寬度	9	12	16	19	22	25	32	38	50	75	100	125	150
3	●	●	●	●	●	●	●	●	●				
4.5	●	●	●	●	●	●	●	●	●				
6	●	●	●	●	●	●	●	●	●	●			
9		●	●	●	●	●	●	●	●	●	●	●	●
12		●	●	●	●	●	●	●	●	●	●	●	●
16			●	●	●	●	●	●	●	●	●	●	●
19					●	●	●	●	●	●	●	●	●
22					●	●	●	●	●	●	●	●	●
25							●	●	●	●	●	●	●

鋁材的標準化

　　追求輕量時，可毫不猶豫選擇鋁材。A5052及A6063為通用材料，需要強度時適合用A7075。當出現隨作用力變形的問題時，如前面所述需要在斷面形狀下功夫，透過提高斷面二次矩來提升鋼度。

處理磨損

　　零件相互摩擦出現磨損時，闡明其使用極限並更換零件。此時，若使用相同材料雙方會同時磨損，所以透過改變材料的種類讓磨損集中在其中一方。藉此只需交換1種零件即可，交換零件的作業也會變得輕鬆。

鋼鐵材表面處理的標準化

　　表面處理是為了防止鋼鐵材生鏽，按設計圖的尺寸公差來區分使用。若為不需要高精度的普通公差，普遍使用「鉻酸鹽處理」，價格也經濟。另一方面，若為需要高精度時，進行膜厚1μm的「染黑」或是用「無電解鍍鎳」鍍3至5μm的膜厚。

　　無法進行防鏽的表面處理時，則選擇使用SUS304或加工性良好的

SUS303，又或是鋁材。功能鍍膜的方法為使用複合鎳鐵氟龍處理，如耐磨耗的「鍍硬鉻」、有優異的潤滑性、抗沾黏性的「NEDOX」等。

鋁材表面處理的標準化

鋁的表面為良好的酸化皮膜所覆蓋，但因為非常的薄，所以隨環境變化會被腐蝕。此時，透過「陽極處理」來增加酸化皮膜的厚度。此外，追求硬度時則適合使用「硬質陽極處理」。TUFRAM處理即是在硬質陽極處理時有複合鐵氟龍皮膜，更耐磨損且提高滑動性，適用於防止磨損。

螺絲尺寸的標準化

若能將螺絲切孔徑以及內六角孔螺栓的螺絲頭沈入表面下的深　孔加工尺寸都標準化，會很方便。參考尺寸如圖7.14所示。

圖 7.14　螺絲尺寸的標準化

（單位mm）

螺絲徑	M3	M4	M5	M6	M8	M10
切孔徑	4	5	6	7	10	12
深鎝孔徑	6.5	8	9.5	11	15	18
深鎝孔深度	3.5	4.5	5.5	6.5	8.5	11

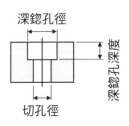

內六角孔螺栓的螺絲頭沈入表面下的參考尺寸

螺絲種類的標準化

第4章介紹過的螺絲種類其標準化的範例如下。

①基本上使用具有緊固力的「內六角孔螺栓」。

②零件需交換時，使用不需要工具的「手轉螺絲」等來固定。

③固定表面時，用低螺絲頭、外相較好的「大扁頭小螺絲」。

配合公差的標準化

孔及銷的配合有「餘隙配合」及「干涉配合（壓入）」。餘隙配合是銷比孔細的配合，干涉配合又稱為壓入，則是銷比孔粗的配合。

微米（μm）程度的公差會使用記號表示的「配合公差」。

餘隙配合中最常使用的公差為孔徑「H7」、銷徑「g6」。此外，如在第2章固定平行銷的部分所介紹，干涉配合推薦使用孔徑「H7」、銷徑「r6」。用塑膠槌或木槌輕敲進去（圖7.15）。

圖7.15　配合公差的標準化範例

種類	孔徑公差	軸徑公差	概要
餘隙配合	H7	g6	幾乎不會鬆動 精密的配合
干涉配合（壓入）		r6	一般的壓入公差

統一孔徑公差

這裡的關鍵是餘隙配合及干涉配合的孔徑都一樣是「H7」。這個精密孔是用絞刀加工出來，所以孔徑由工具絞刀的直徑決定。也就是說，只要統一孔徑公差，使用的絞刀只要H7這一種即可。相對地，銷徑公差是由車床加工的切入量決定，設定上很容易。基於上述的理由，統一孔徑是很好的策略。

設定標準尺寸的方式

每種產品每次都要設計治具會是很大的浪費。因此，事先將收納產品的棧板等外形尺寸標準化效果會很好。藉此也能夠統一多層收納棧板的收納架，預估會帶來更廣泛的效益。

那麼，這個外形尺寸該用什麼方法決定才好呢？這種時候可以使用 JIS 規格的「優先數」（**圖7.16**）。

使用數學用語「等比數列的公比」。這是比「$\sqrt[5]{10} \fallingdotseq 1.60$」及「$\sqrt[10]{10} \fallingdotseq 1.25$」。

前者稱為 R5，以 1 為基準乘以 1.6，$(1.60)^1 = 1.60$、$(1.60)^2 \fallingdotseq 2.50$、$(1.60)^3 \fallingdotseq 4.00$、$(1.60)^4 \fallingdotseq 6.30$ 即為優先數。

後者稱為 R10，以 1 為基準乘以 1.25，$(1.25)^1 = 1.25$、$(1.25)^2 \fallingdotseq 1.60$、$(1.25)^3 \fallingdotseq 2.00$、$(1.25)^4 \fallingdotseq 2.50$ 即為優先數。

圖7.16　JIS 規格的優先數

種類	優先數									等比數列的公比
R5	1.00		1.60		2.50		4.00		6.30		$\sqrt[5]{10} \fallingdotseq 1.60$
R10	1.00	1.25	1.60	2.00	2.50	3.15	4.00	5.00	6.30	8.00	$\sqrt[10]{10} \fallingdotseq 1.25$

（註記）省略 JIS Z 8601、R20 及 R40

例如外形尺寸的種類使用 R5，以「$100 \times 160mm$」、「$160 \times 250mm$」、「$250 \times 400mm$」來標準化。又或是想要再設定精確一點時可使用 R10，以「$100 \times 125mm$」、「$125 \times 160mm$」、「$160 \times 200mm$」來標準化。

結語

　　治具設計的樂趣就在於與現場作業員團結一心。我們可以直接從作業員那裡得到方便作業的點子、知道防呆措施的評價。做出成果時會更加欣喜，被要求重做時則想著要更努力，下次一定要讓他們滿意。

　　這是只有治具設計才能體會的人情味。機械設計同樣也有創造新東西的喜悅，但同時也面臨運轉率、良率等現實的一面，所以治具設計有著跟機械設計截然不同的樂趣及意義。

　　現場是孕育點子的寶庫。聽取現場的煩惱，思考能解決煩惱的治具，導入現場後確認執行的效果。關鍵是「能夠輕鬆地作業」。如果能達到100分當然最好，但將目標設定能達成60分，就請務必挑戰看看。祝各位成功順利。

　　最後，謝謝我的編輯天野慶悟及土坂裕子，一路上討論的過程非常開心。由衷感謝。

令和元年（2019年）冬天　西村 仁

參考文獻

「治具‧工具‧取付具」杉田稔著、日刊工業新聞社 1961年。
「現場で役立つモノづくりのための治具設計」酒庭秀康著、日刊工業新聞社 2006年。

中日英文對照表暨索引

中文	日文	英文	頁數
3-2-1 定位原理	3.2.1 の法則		19、20
C型虎鉗	シャコ万力		65、66
V型枕	Vブロック		49、50
一劃			
一字起子	マイナスドライバー		90、91
十字起子	プラスドライバー		90、91
三劃			
三次元量床	三次元測定機		126
三角級枕	ステップブロック	step block	60
大扁頭小螺絲	トラス小ねじ		90、91
干涉配合	しまりばめ		71、82
四劃			
內六角孔螺栓	六角穴付きボルト		90、93
內螺紋	めねじ		85、86
公制螺紋	メートルねじ		84、85
公稱尺寸	呼び寸法	nominal dimension	72
六角扳手	六角レンチ		90、93
六角螺帽	六角ナット		59、100
手動沖床	エキセンプレス	excen Press	119
手擰螺絲	工具レスねじ		136
手轉螺絲	ローレットねじ		90、94
止付螺絲	止めねじ		90、95

肘節機構	トグル機構	toggle mechanism	62
角鐵	イケール		10、132
防呆措施	ポカヨケ		144
八劃			
制動器	ストッパー	stopper	117
固定片	ロックピース	lock piece	69、70
固定高度夾鉗	ハネクランプ		61
定位	位置決め		16
定位珠	ボールプランジャ	ball plunger.	64、109
定位銷	位置決めピン		31、38
底徑	谷の径		86
拉伸彈簧	引張コイルばね		118
盲孔	止まり穴		38
直線軸承	直動ベアリング		110、111
直銷	ストレートピン		31、38
虎鉗	バイス		65
九劃			
降伏點	降伏点		89
面銑刀	正面フライス	face mil	24
十劃			
倒C角	C面取り		30、142
徑向軸承	ラジアル軸受	radial bearing	113、115
栓規	限界栓ゲージ		128
退火	焼なまし	annealing	160

逃溝加工	逃げ加工		26、27、30、47、52、68、142、143
針盤指示器	ダイヤルゲージ	dial gauge	36、127
高度規	ハイトゲージ	Height gauge	125
十一劃			
剪力	せん断		97
推桿	プッシャ	pusher	62、63
斜角滾珠軸承	アンギュラ玉軸受	angular contact ball bearings	116
斜銷	テーパピン	taper pin	28
淬火	焼き入れ		160
深溝滾珠軸承	深溝玉軸受	deep groove ball bearings	115
球面墊圈	球面座金	spherical washer	60、76
十二劃			
普通墊圈	平座金	plain washer	60、61、103、104
棧板	パレット		143、165
減震器	ショックアブソーバー	shock absorber	117
測微器	マイクロメータ		124、125
測微頭	マイクロメータヘッド	micrometer head	36、80
游標尺	ノギス		123、124
無電解鍍鎳	無電解ニッケルメッキ		162
硬焊	ろう付け	brazing	82

間隔柱	スペーサ	spacer	35
間隙規	すきまゲージ	feeler gauge	129
陽極處理	アルマイト		163

十七劃			
優先數	標準数	preferred number	165
壓縮螺旋彈簧	圧縮コイルばね	helical compression spring	118
螺紋牙頂	ねじの山		84、85
螺紋角	ねじ山の角度		85、86
螺紋護套	インサートねじ		98
螺距	ピッチ		85、86
鍍硬鉻	硬質クロムメッキ		163
十八劃			
擴孔器	テーパリーマ	taper Reamer	28
斷面二次矩	断面二次モーメント		150、151
鎖緊扭力	規定のトルク	tightening torque	104
二十一劃			
襯套	ブッシュ		109

國家圖書館出版品預行編目資料

圖解治具設計 / 西村仁著；蘇星壬譯. -- 初版 . -- 臺北市：易博士
文化，城邦文化事業股份有限公司出版：英屬蓋曼群島商家庭傳
媒股份有限公司城邦分公司發行 , 2022.07
　　面；　公分
　　譯自：はじめての治具設計
　　ISBN 978-986-480-232-6(平裝)

　　1.CST: 工具機

446.841　　　　　　　　　　　　　　　　111007543

DA3008
圖解治具設計

原 著 書 名／はじめての治具設計
原 出 版 社／日刊工業新聞社
作　　　者／西村仁
譯　　　者／蘇星壬
責 任 編 輯／黃婉玉

業 務 經 理／羅越華
總　 編　 輯／蕭麗媛
視 覺 總 監／陳栩椿
發　 行　 人／何飛鵬
出　　　版／易博士文化
　　　　　　城邦文化事業股份有限公司
　　　　　　台北市中山區民生東路二段141號8樓
　　　　　　電話：（02）2500-7008　傳真：（02）2502-7676　E-mail：ct_easybooks@hmg.com.tw
發　　　行／英屬蓋曼群島商家庭傳媒股份有限公司城邦分公司
　　　　　　台北市中山區民生東路二段141號2樓
　　　　　　書虫客服服務專線：（02）2500-7718、2500-7719
　　　　　　服務時間：周一至周五上午09:00-12:00；下午13:30-17:00
　　　　　　24小時傳真服務：（02）2500-1990、2500-1991
　　　　　　讀者服務信箱：service@readingclub.com.tw
　　　　　　劃撥帳號：19863813
　　　　　　戶名：書虫股份有限公司
香港發行所／城邦（香港）出版集團有限公司
　　　　　　香港灣仔駱克道193號東超商業中心1樓
　　　　　　電話：（852）2508-6231　傳真：（852）2578-9337　E-mail：hkcite@biznetvigator.com
馬新發行所／城邦（馬新）出版集團 [Cite（M）Sdn. Bhd.]
　　　　　　41, Jalan Radin Anum, Bandar Baru Sri Petaling, 57000 Kuala Lumpur, Malaysia
　　　　　　電話：（603）9057-8822　傳真：（603）9057-6622　E-mail：cite@cite.com.my

美 術 編 輯／簡至成
封 面 構 成／簡至成
製 版 印 刷／卡樂彩色製版印刷有限公司

Original Japanese title: HAJIMETE NO JIGUSEKKEI
by Hitoshi Nishimura
Copyright © Hitoshi Nishimura, 2019
Original Japanese edition published by The Nikkan Kogyo Shimbun, Ltd.
Traditional Chinese translation rights arranged with The Nikkan Kogyo Shimbun, Ltd.
through The English Agency (Japan) Ltd. and AMANN CO., LTD.

2022年7月19日初版1刷
ISBN 978-986-480-232-6（平裝）

定價1000元　　HK$333

城邦讀書花園
www.cite.com.tw